U0872242

本书荣获中国科普作家协会优秀科普作品评选

优秀奖

走近核科学技术

（第二版）

中国核学会组织编写

罗上庚　编著

中国原子能出版社

图书在版编目 (CIP) 数据

走近核科学技术 / 中国核学会组织编写；罗上庚编著 .—2 版 —北京：中国原子能出版社，2015.1 （2024.4 重印）

ISBN 978-7-5022-6471-0

Ⅰ. 走… Ⅱ. ①中…②罗… Ⅲ. 核技术－青少年读物 Ⅳ. TL-49

中国版本图书馆 CIP 数据核字 (2014) 第 291663 号

内容简介

本书由中国核学会组织编写，中国原子能科学研究院罗上庚研究员执笔，并经多位权威人士审读。从科普的角度深入浅出地介绍了核科学技术知识，图文并茂地带领读者走近核科学技术奇幻神秘的世界，使人们看到了核科学技术绚丽多彩的今天，给他们展示了核科技光辉灿烂的明天。是目前市场上为数不多的核领域优秀的科普书籍。

通过阅读此书，将使更多的人尤其是在建有核电站的周边地区公众，增长核科学技术知识，理解和支持核事业。适合广大青少年及喜爱核科学的人士阅读。

走近核科学技术

出版发行 中国原子能出版社
（北京市海淀区阜成路 43 号 100048）
责任编辑 付 真
装帧设计 赵 杰 陈晓鹏
美术编辑 赵 杰 井晓明
责任校对 冯莲凤
责任印制 赵 明
印 刷 北京中科印刷有限公司
经 销 全国新华书店
开 本 787 mm × 1092 mm 1/16
字 数 215 千字
印 张 14.75
版 次 2015 年 1 月第 2 版 2024 年 4 月第 8 次印刷
书 号 ISBN 978-7-5022-6471-0
印 数 13000—13800 定 价：58.00 元

 网址：http://www.aep.com.cn

第二版序

认识和了解核电

纪念中国核工业创建 60 周年

2005 年 10 月 11 日党的十六届五中全会，明确了核电发展方针由“适度发展”调整为“积极发展”，确立了核电作为国家能源战略组成部分的地位。2007 年 11 月 4 日，我国《核电中长期发展规划（2005—2020 年）》的正式发布，标志着中国核电发展进入了新的阶段。2008 年“大型先进压水堆及高温气冷堆核电站”重大专项正式启动。2010 年，党的十七届五中全会通过的《中共中央关于“十二五”发展规划的建议》提出，“在确保安全的基础上高效发展核电”。中国核电的发展进入了快车道。截至 2014 年 6 月，投入运行的核电机组共有 20 台，总装机容量约为 1 807 万千瓦；在建核电机组 28 台，装机容量约为 3 062 万千瓦。

福岛核事故后我国政府采取了积极的应对措施。2012 年 10 月 16 日国务院正式批复《核安全与放射性污染防治“十二五”规划及 2020 年远景目标》。2011 年实施的核设施综合安全检查结果表明，我国运行和在建核电机组基本满足我国现行核安全法规和国际原子能机构最新标准的要求，安全和质量是有保障的。上述民用核设施在选址中对地震、洪水等外部事件进行了充分论证，发生类似福岛核事故的极端自然事件的可能性极小。

2014 年 6 月 7 日，国务院发布的《能源发展战略行动计划（2014—2020 年）》中指出，“安全发展核电。在采用国际最高安全标准、确保安全的前提下，适时在东部沿海地区启动新的核电项目建设，研究论证内陆核电建设。坚持引进消化吸收再创新，重点推进 AP1000、CAP1400、高温气冷堆、快堆及后处理技术攻关。加快国内自主技术工程验证，重点建设大型先进压水堆、高温气冷堆重大专项示范工程。积极推进核电基础理论研究、核安全技术研究开发设计和工程建设，完善核燃料循环体系。积极推进核电‘走出去’。加强核电科普和核安全知识宣传。到 2020 年，核电装机容量达到 5 800 万千瓦，在建容量达到 3 000 万千瓦以上。”

2014 年 3 月 24 日在荷兰海牙举行的第三届核安全峰会上，国家主席习近平首次阐述中国关于发展和安全并重、权利和义务并重、自主和协作并重、治标和治本并重的核安全观。习近平指出，人类要更好利用核能、实现更大发展，必须应对好各种核安全挑战，维护好核材料和核设施安全。我们要坚持理性、协调、并进的核安全观，把核安全进程纳入健康持续发展轨道。

我国是一个能源大国，必须实现能源多元化。为了改变能源的结构，应对气候变化和环境的压力，我国需要核电。福岛核事故没有改变核电在中国能源发展中的作用和地位。另一方面，随着经济社会发展，公众的环境意识与安全意识显著提高。特别是福岛核事故后，公众对核安全问题更加敏感，更加关注我国核安全有没有保障、核安全管理体制是否完善、所采取的措施是否有效、能否确保不发生核事故。我国正处于社会转型时期，处于网络化、信息化迅猛发展的特殊背景下，公众对核安全的信心、对核能发展的可接受性已经成为影响核事业发展最主要的制约因素之一。

《走近核科学技术》是 2010 年中国科普作家协会优秀科普作品奖评委会评选出的优秀科普作品，2005 年出版，深受读者喜爱，已重印多次。近十年来，核科学技术，尤其是我国的核电事业及相关产业取得了巨大的进步，世界瞩目！我国核电将迎来安全高效的发展机遇，也必将带动整个核科学技术的蓬勃发展。克服和消除日本福岛核事故的负面影响，使广大读者认识和了解核电与核科学技术是一项十分紧迫的任务。值此我国第一颗原子弹爆炸 50 周年和中国核工业建立 60 周年之际，中国核学会决定修订再版《走近核科学技术》，以满足核科普宣传之急需。

罗上庚研究员是一位资深的核专家和优秀的科普作家，修订版增添了近 10 年来核科学技术的进步和发展，继承发扬原版图文并茂、深入浅出与编辑新颖等特点，相信一定会得到广大读者的青睐。对中国核学会秘书处在本书的修订再版过程中的精心组织，各位审评专家的辛勤劳动和中国原子能出版社与编辑部的创造性工作，在此一并致以衷心的感谢！

中国核学会理事长

中国工程院院士

李冠兴

2014.11.25

第一版序

核科学技术的迅速发展和应用
是 20 世纪人类取得的重大成就

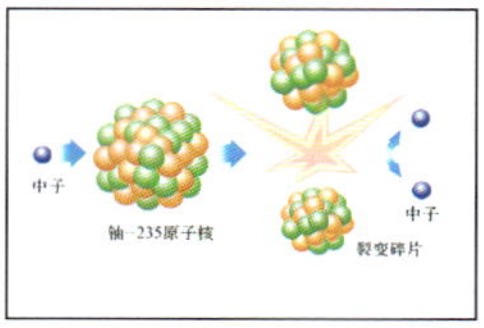

核科学技术的迅速发展和应用是 20 世纪人类取得的重大成就。1919 年，科学家卢瑟福用 α 粒子轰击氮核打出质子，首次实现了人工核反应；1932 年，英国物理学家查德威克发现中子，使人们对原子核的组成建立了正确的认识，也为人工改变原子核提供了有效手段；1934 年，卢瑟福和澳大利亚物理学家奥利芬特、奥地利化学家哈尔特克首次发现了核聚变反应；1938 年，德国化学家哈恩等人发现了铀核的裂变现象；1939 年，法国物理学家约里奥－居里等人通过实验发现了铀裂变的链式反应；1942 年，以费米为首的一批科学家在美国建成世界第一座“人工核反应堆”，实现了可控、自持的铀核裂变链式反应；1945 年，美国爆炸了世界第一颗原子弹；1954 年，苏联建成了世界第一座试验核电站；1955 年，美国建造了世界第一艘核潜艇；1972 年，英国科学家杭斯菲尔德在美国科学家科马克研究成果的基础上研制出第一台医用 X－CT……核科学技术方面的一系列重大发现、发明和发展，极大地提高了人们认识世界、改造世界的能力，对军事、经济、社会生活等许多领域产生了革命性的影响，生动鲜明地体现了科学技术第一生产力的重要作用。

新中国成立后，党中央高瞻远瞩，在我国科技经济基础都还十分薄弱的情况下，深刻把握世界发展趋势，果断作出了大力发展核科技与核工业的战略决策。在党和政府的集中统一领导下，我国核科学技术突飞猛进，依靠自己的力量以较快的速度相继研制成功原子弹、氢弹、核潜艇，随后又基本掌握了核电站的自主设计建造技术，在以放射性同位素与辐射技术为代表的核技术应用方面也取得了较大成绩，同时，还建立了比较完整的核科研与核工业体系。核科技专业队伍从建国初期的寥寥数人，发展到数万人之众。在核科学技术这个新兴领域迅速跨到世界前列，为提高我国国际地位、保障国家安全、促进经济发展、带动国家科学技术整体水平的提高做出了重要贡献。当然，我们也清醒地看到自己存在的很多不足，尤其是民用核技术的产业化工作，起步较晚，发展较慢，与世界发达国家存在较大差距，在为经济建设服务、造福人民方面还没有发挥出应有的作用。

进入新世纪后，国际风云不断变幻、科学技术迅猛发展，然而，从世界范围来看，无论是军用方面还是民用方面，核科学技术仍然是关系到国家和民族根本利益的战略高新技术，世界各国仍在不断寻求核科学技术的发展。在我国全面建设小康社会的进程中，核科学技术是符合全面、协调、可持续发展要求的高新技术，党和国家非常重视，专门制定了加大核电建设力度的发展规划，并且决定组织实施民用非动力核技术高技术产业化专项。核能、核技术不但在国家安全、经济建设方面发挥着重要作用，而且还将越来越走近我们的生活。我国核科学技术正在迎来一个新的发展机遇期。

2004 年是我国第一颗原子弹爆炸成功 40 周年，也是我国正式加入国际原子能机构 20 周年。2005 年初，我们还将隆重纪念中国核工业创建 50 周年。为了让大家能够更多更好地了解和熟悉核科学技术，中国核学会邀请中国原子能科学研究院的罗上庚研究员，执笔撰写了《走近核科学技术》这本科普读物。这本书图文并茂、语言生动、通俗易懂，深入浅出地系统介绍了核科学技术知识，在人们面前展示了一幅幅绚丽多彩的画卷。我相信，会有更多的人逐步消除核的神秘感，克服不必要的“恐核”心理，能够科学而理性地认识和了解核科学技术。这本书还向广大青少年朋友介绍了核科技领域一大批世界著名的诺贝尔奖得主，介绍了我国核科技领域 11 位“两弹一星”功勋奖章获得者；希望大家在了解和学习大量知识的同时也能获得有益的人生启迪，为中华民族的伟大复兴和人类科学技术事业发展奉献自己的聪明才智！

作为核科学技术战线上的一名老兵，我衷心希望广大青少年朋友热爱核科学技术，有志于核科学技术，献身核科学技术！

朱光亚

2004 年 10 月 15 日

认识和了解核科学技术
纪念中国核工业创建 50 周年

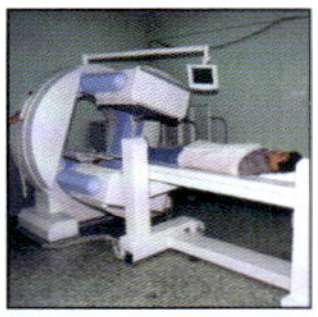

40 年前中国第一颗原子弹爆炸成功，打破了西方国家的核垄断，确立了我国核大国的地位。40 年后的今天，核科学技术已不再仅用于国防，它已渗透到国民经济的各个领域：核能发电、工业探伤、辐照育种、材料改性、放射性诊断和治疗等。随着核科学技术应用的发展，公众和媒体也对“什么是核科学？”、“核技术应用的安全性如何？”、“对环境和人类健康有什么影响？”、“切尔诺贝利核电站事故能否重演？”等等问题产生了兴趣。部分公众由于不了解核科学，再加上一些不恰当的宣传和误导，给核科学技术蒙上了一层神秘的面纱，甚至有人把核电站视为原子弹，谈核色变。

为了回答公众提出的这些问题，普及核科学技术知识，同时也为了纪念我国第一颗原子弹爆炸 40 周年、中国核工业创建 50 周年，中国核学会组织编写了科普书籍《走近核科学技术》。该书共分七篇：第一篇讲述了核能的来源及应用、核电站及核安全；第二篇主要介绍了核武器，即核科学技术在军事方面的应用；第三篇主要介绍了核能的动力应用；第四篇和第五篇则着重讲述了同位素和核能技术在工业、农业、医学、食品保鲜等领域中的广泛应用；第六篇对核燃料的生产和利用过程做了基本的介绍；第七篇对公众普遍关心的核废物安全和核辐射安全做了详细的回答。本书力求做到深入浅出、比喻形象、通俗易懂，使公众通过阅读能对核科学及其应用有一个正确的、科学的认识，消除人们对核的神秘感，克服不必要的恐核心理。

《走近核科学技术》也是中国核学会贯彻落实《中华人民共和国科普法》的一项举措，通过宣传核科学技术知识，倡导科学方法，传播科学思想，弘扬科学精神。该书作为核科普读物，可供普通公众阅读，也可作为科普工作者的宣传材料。

写一本好的科普读物并非易事。该书一定存在许多不足之处，望广大读者能提出宝贵意见，以便修订再版时加以修改。

本书由罗上庚研究员执笔，朱光亚院士欣然为本书做了序。中国核学会科普咨询和教育工作委员会主任钱绍钧院士、中国核工业集团公司汪兆富和张伟星同志、海军核安全局杨光同志、原子能出版社李盈安同志都对本书进行了仔细的阅读，并提出了许多宝贵意见，在此一并表示衷心的感谢。

中国核学会

2004 年 11 月 30 日

目　录

第五篇　业绩非凡的放射性同位素

第二章　辐射可以灵敏和准确地探测

第三章　避免和减轻照射有可靠的安全防护措施

第四章　辐射防护受到最大重视

附录一　原子能大事记

附录二　介绍几位核领域的诺贝尔奖得主

附录三　荣获“两弹一星功勋奖章”的核科技功臣

修订后记

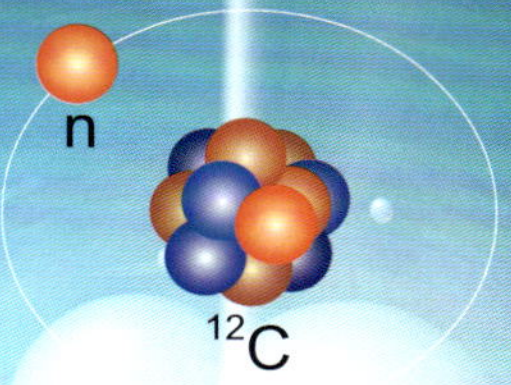

第一篇

能源骄子——核电

什么是核电站？巨大的核能从何而来？秦山、大亚湾核电站为什么这样干净和漂亮，从来没见到“咕嘟咕嘟”冒黑烟？核电站会不会发生像原子弹那样的爆炸？切尔诺贝利事故会不会再发生？核电站为什么是安全、清洁、经济的能源？核电具备可持续发展条件吗？这许许多多问题，你可能很想弄个明白，读完这一篇你就会得到满意的回答。

第一章　巨大的核能

太阳能来源于核聚变反应，核电站能量来源于核裂变（或核聚变）反应，化石燃料（煤、石油、天然气）燃烧能量来源于化学反应。

1. 1千克铀-235释放能量相当于2700吨标准煤

燃烧煤是碳的氧化反应，一个碳原子与一个氧分子结合生成一个二氧化碳分子，释放出能量（E），这个能量小得很，只有4.1电子伏。燃烧1千克标准煤可释放出7 000多千卡*热量。

$$碳（C）+ 氧（O_2）\longrightarrow 二氧化碳（CO_2）+ 能量（E）$$

煤、石油、天然气燃烧，都是释放化学能。化学能是原子重新组合及其外层电子重新分配的结果，原子核本身并没有发生变化（见图1-1）。

* 1千卡 = 2.6×10^{22} 电子伏 =4 187 焦耳。

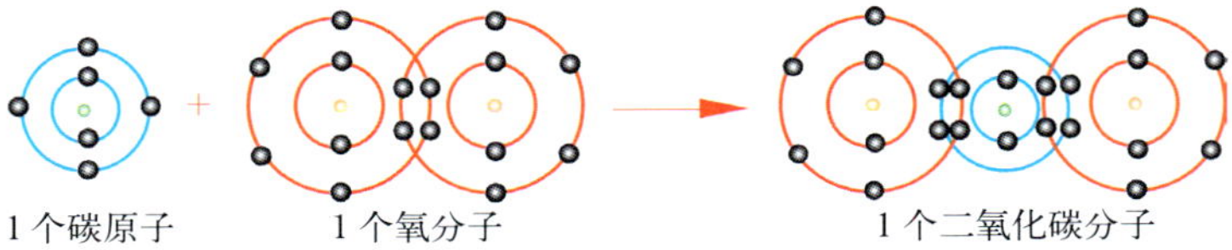

图 1–1 煤燃烧仅改变了原子组合和外层电子配置

核电站中发生的是铀核裂变反应，一个铀核裂变释放的能量约为 200 兆电子伏。

因为 235 克铀中含有 6.023×10^{23} 个（阿伏加德罗常数）原子核，1 克铀中含 2.56×10^{21} 个原子核，所以说，1 克铀 –235 释放的能量可达到 5.12×10^{23} 兆电子伏。

核裂变	1 千克铀 –235 放出热量	19 600 000 000 千卡；
燃烧	1 千克标准煤放出热量	7 000 千卡；
燃烧	1 升重油放出热量	9 900 千卡；
燃烧	1 立方米天然气放出热量	9 800 千卡。

不难算出，1 千克铀 –235 裂变放出的热量相当于燃烧约 2 700 吨标准煤。同样质量下，核能比化学能大几百万倍（图 1–2）。

图 1–2 1 千克铀 – 235 裂变放出的能量
相当于 2 700 吨标准煤

2. 巨大核能从何而来

我们知道，自然界中物质都是由原子组成的。原子是由位于中心位置带正电荷的原子核和围绕原子核旋转带负电的电子构成的。而原子核又是由质子和中子组成的（如图 1–3）。质子和中子是由被称为“夸克”的更小粒子组成的，夸克的结构目前正在探索中。迄今人们已发现了物质五个层次结构(分子—原子—原子核—核子—夸克）和 310 多种基本粒子。

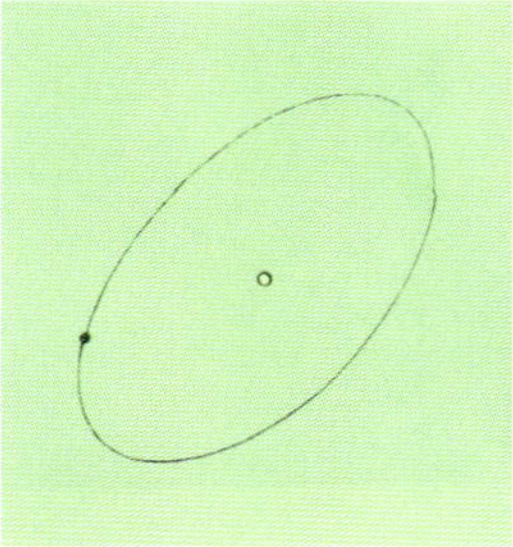
氢原子

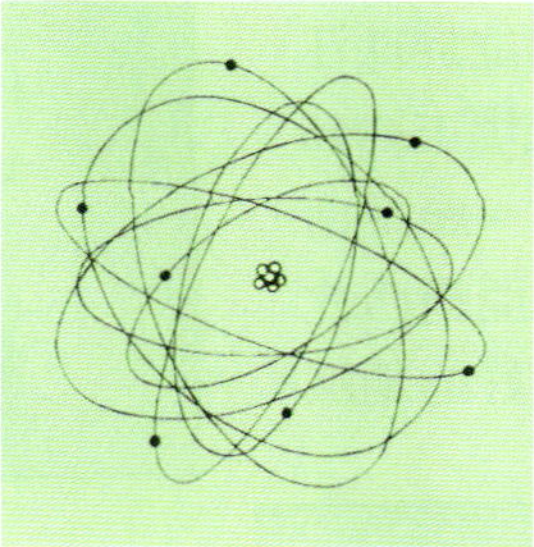
氧原子

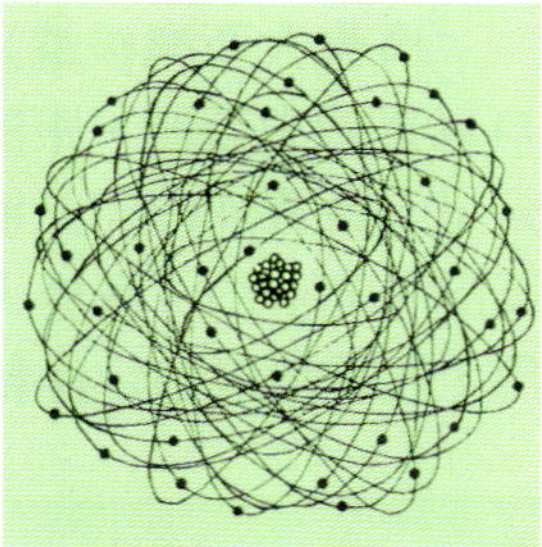
铀原子

图 1–3 氢、氧、铀原子组成示意图

在原子核中，中子不带电，质子带正电，同性要相斥，把质子和质子紧箍在一个非常小的空间（原子核直径约为 10^{-13} 厘米）存在着一股巨大的吸引力，科学家称它为核力，核力比电磁力要大 130 倍。核力与电磁力、万有引力都不同，它只在原子核直径的很小范围内起作用。当质子和中子重新组成新原子核时，核力的强大作用使核子间排列得更紧密，会出现质量减少和放出能量的情况，这种释放出的能量，科学家称之为原子核结合能。

3. 请爱因斯坦来作解释

大科学家爱因斯坦提出的相对论指出，质量和能量可以相互转化，质量消失，会产生能量。原子核质量亏损所释放出的结合能，可以由爱因斯坦提出的质量能量关系式计算出来：

$$E = mc^2$$

式中，E——释放能量，单位：焦耳；m——亏损质量，单位：克；

c——光速，3×10^{10} 厘米 / 秒。

按这个公式，一个铀 –235 核受一个中子轰击，分裂成两块碎片 X_1 和 X_2

（如：X_1 为 ^{93}Nb，X_2 为 ^{140}Ce），并放出 2 ~ 3 个中子（平均 2.5 个），释放出约 200 兆电子伏能量（200 MeV）（见图 1–4）。极小的质量转化成极大的能量。

$$\text{铀}-235 + \text{中子} \longrightarrow X_1 + X_2 + 3\text{ 个中子} + 200\ \text{MeV}$$

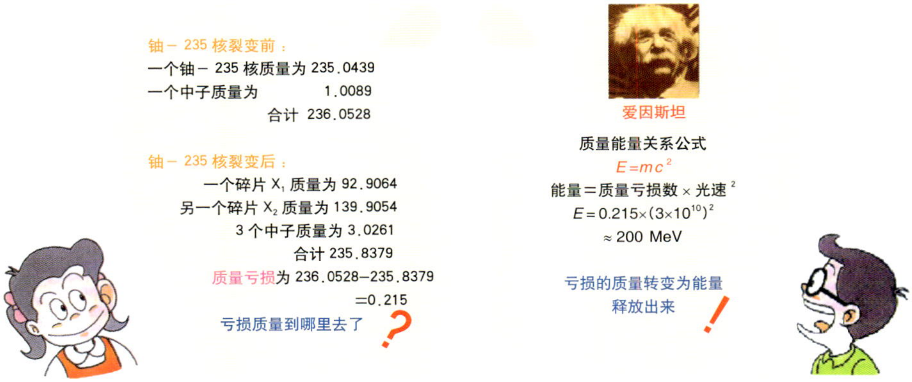

图 1–4　铀核裂变怎么会释放出巨大能量？

第二章　神奇的核岛

要让核能乖乖地释放出来，为我们供热、发电或提供动力，不是一件容易的事。

第二次世界大战后期，美国罗斯福总统为了赶在德国之前造出原子弹，秘密进行了一项庞大的“曼哈顿工程”，包括在芝加哥大学足球场西看台下的一个网球室里建造一个反应堆(见图 1–5)。费米和他的同事们将石墨块堆砌起来，用 10 吨金属铀和 40 吨氧化铀（都是天然铀）做成的棒插在 385 吨石墨砖块中，外面用 1.5 米混凝土墙包围,形成了一个 10 米（长）×9 米（宽）×6 米（高）的庞然大物，里面还插着 10 根控制棒（包镉青铜棒）。1942 年 12 月 2 日，就在这个简陋的反应堆上，实现了世界上第一次受控自持链式反应。这次反应进行了 28 分钟，虽然它的功率很小，最高只达到 200 瓦，只够点亮一个大灯泡，但是它的意义是十分巨大的。早期的反应堆是为军事目的建造的，到了 20 世纪 50 年代，发展和平利用核能，1951 年美国建成了世界上第一个核发电装置，

1954年6月，苏联建成世界上第一座试验核电站（图1–6，电功率5兆瓦）。至今，世界上建起了上千座反应堆（包括各种实验堆、原型堆和大到150万千瓦功率的核电反应堆）。

图1–5　世界上第一座人工反应堆

1942年12月2日达到临界，美国芝加哥大学

图1–6　世界上第一座试验核电站

1954年建成，苏联奥布宁斯克核电站

1. 不冒烟的锅炉

反应堆是一种特殊锅炉，有人称它为原子反应炉。现代的反应堆，从外面看是一个立式球形顶的圆柱体或球形建筑物，这就是所谓核岛。至于发电部分（也称为常规岛），核电厂与火电厂都用蒸汽膨胀做功，推动蒸汽轮机旋转，带动发电机发电。核电厂与火电厂主要的不同是蒸汽供给系统。火电厂依靠燃烧化石燃料释放的化学能制造蒸汽；核电厂是依靠核燃料裂变反应释放的核能来制造蒸汽（见图1–7）。

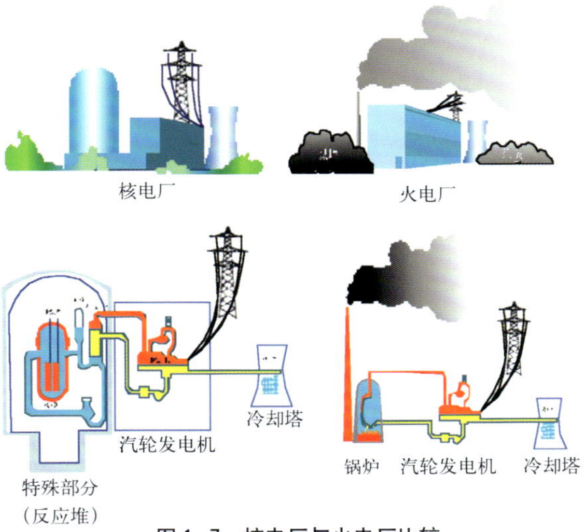

图1–7　核电厂与火电厂比较

反应堆，有人称它为“原子锅炉”，这锅炉确实构造奇特，与众不同。提到燃烧，人们就会想起熊熊的烈火和滚滚的浓烟。但是原子锅炉的燃烧既见不到火，也看不到烟。走近核电厂，人们也会看到一个高高的“烟囱”，但仔细看看，就会发现它从来不冒黑烟。这并不奇怪，因为它只是一个排风设备。

生炉子要用火柴和木材点火，反应堆的“点火”，是提供引发裂变反应的第一代中子，这是依靠反应堆内安装的点火中子源来实现的。

2. 控制棒指挥核裂变反应

普通锅炉需要不断加煤和不停地鼓风，它的燃烧速率，是靠调节供煤量和调节风量来实现的。反应堆工作则是靠控制棒来实现的。控制棒有很强的吸收中子的能力，这是用镉、硼、铪等材料做成的。它“吞吃中子”的胃口很大，提起控制棒，中子数增加，反应堆功率就上升；插入控制棒，中子数下降，反应堆功率就下降，甚至可以让反应堆的裂变反应停下来。

火电厂燃烧释放出的热量是靠水传出的，水吸热变成蒸汽，推动蒸汽轮机—发电机组发电。反应堆中铀裂变放出的能量是用导热本领大、吸收中子少的物质做冷却剂，把热量传导出来的。这种冷却剂（又称载热剂），或用液体：如水、重水；或用气体：如二氧化碳、氦气；或用液态金属：如液态金属钠、液态钠－钾、液态铅－铋等。

3. 让中子跑慢点

铀－235 裂变反应放出的中子速度太快。动能为 1 兆电子伏的中子，速度可达 20 000 千米／秒，这样快速的中子，是很难打中小小的铀－235 核实现裂变反应的，必须把它的速度减慢下来——动能减到小于 1 电子伏，成为慢中子（热中子），才能有效打中铀核，发生新的裂变反应。工程师们找到了许多优良的慢化剂（又称减速剂），如轻水（普通水）、重水、石墨、铍等，它们不“吃”中子或者“吃”中子很少，并且可以有效地使中子减速。根据核电厂用的减速剂的不同，被称为轻水堆（又分为压水堆、沸水堆）和重水堆等。

第三章 多重屏障体系——不让放射性物质泄漏出去

核裂变反应会产生许多放射性物质，包括裂变碎片和它们的衰变产物及 α 射线、β 射线、γ 射线、中子等，因此有很强的放射性。设计师们建造了多重屏障体系，不让放射性物质泄漏出去，反应堆一般有三道屏障，即燃料元件包壳、压力容器和安全壳（见图 1–8）。

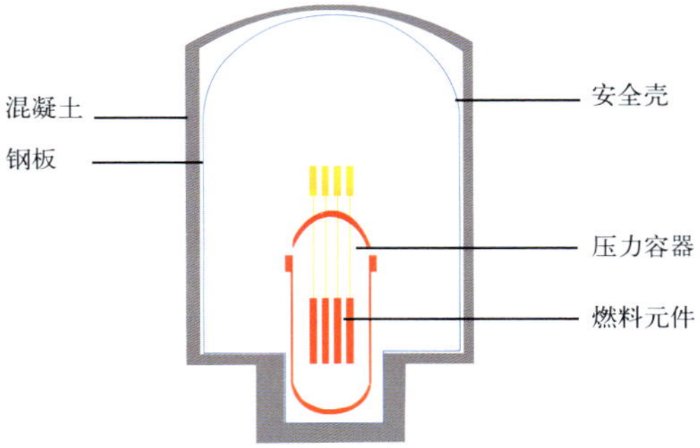

图 1–8 反应堆多重屏障

1. 精心制作的核燃料元件

反应堆燃料元件密封在包壳中，包壳材料具有耐高温、耐高压、耐辐照、抗腐蚀等优良的物理化学性能，破损率非常低（< 0.01%）。例如：压水堆燃料，先做成二氧化铀烧结陶瓷体芯块（直径 8 ~ 10 毫米，高度 10 ~ 13 毫米），然后把这些芯块装在锆合金做成的套管中（直径 9 ~ 11 毫米，长 4 米），套管要抽去空气，充入氦气，严格密封。最后把这些燃料棒按照一定规则排列，以精确的间距做成燃料组件（见图 1–9）。

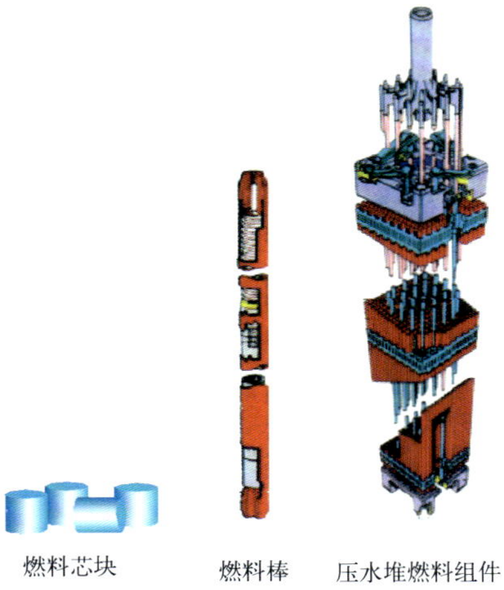

图 1–9 反应堆燃料

2. 固若金汤的压力容器

压力容器是反应堆的心脏，就像锅炉的燃烧室，这是精心加工制造的关键部件。例如：100 万千瓦压水堆电站的压力容器，内径达 4 ～ 5 米，高度达 13 米，重量达 400 ～ 500 吨。这是用 20 厘米厚的高级合金钢精加工制成的。它的强度大，塑性、韧性好，耐高温、耐高压、耐辐照，抗震、抗腐蚀，保证绝对没有裂缝和泄漏。

3. 铜墙铁壁的安全壳

安全壳是双层结构的庞大构筑物。100 万千瓦压水堆电站的安全壳直径达 30 ～ 40 米，高度达 60 ～ 70 米，外壁为 1 米厚的预应力钢筋混凝土，内壁为 6 毫米厚的钢板。能耐 3 ～ 4 个大气压的压力，能承受地震、飓风、龙卷风和来自内部或外部飞射物与飞机坠落的撞击，可以说这是一座坚不可摧的堡垒。安全壳定期进行检漏试验，安全壳的双壁中间可容纳从反应堆大厅来的气体。因为它保持负压，要向外泄漏气体是不容易的。安全壳里设有空气净化、喷淋水和消除氢气等系统，具有气体过滤、降温、捕集放射性核素和防止氢气爆炸等作用，能够阻止放射性核素的向外释出和减少对环境的辐射影响。

综上所述，通过纵深防御和层层设防，放射性物质是难以泄漏到环境中去的。

第四章　原子弹爆炸绝不会在这里发生

1945 年，美国在日本广岛和长崎投下了两枚原子弹，顷刻间，两座大城市化为废墟，近二十万人伤亡。至今，原子弹爆炸恐惧心理还难以完全抹净。有人担心，反应堆会不会出现原子弹那样的爆炸？回答是：绝对不会。因为反应堆和原子弹的设计思想、构造和部件是截然不同的。

1. 啤酒点不着火

反应堆里装的是天然铀或低浓铀（铀 –235 富集度 2% ~ 5%），原子弹里装的是武器级铀（铀 –235 富集度 ≥ 90%）或者武器级钚（钚 –239 富集度 ≥ 93%）。易裂变燃料浓度差别非常重要，就像酒精可点着火，啤酒中酒精含量太低点不着火一样。

原子弹是一种不可控的自持链式反应装置。人们把原子弹制造成几乎每个中子都能打中铀核。如果第一代有 2 个中子，第二代就会放出 4 个中子，第三代就会放出 8 个中子，中子以几何级数方式增加（如图 1–10），并且这个过程进行得特别快，在极短时间内（不到几个微秒）释放出巨大的能量。

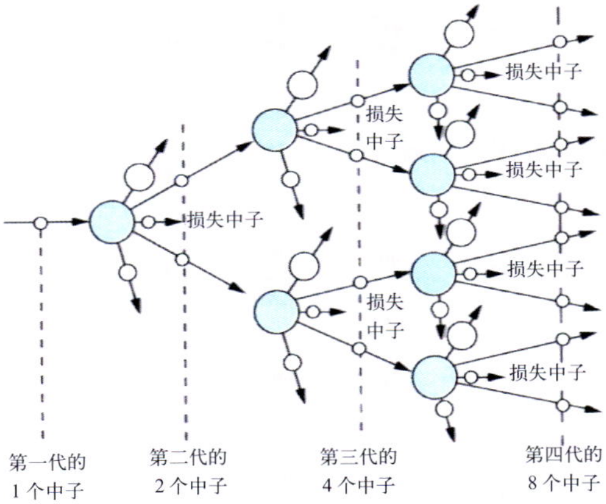

图 1–10 不可控链式裂变反应示意图

2. 中子按计划生育

反应堆则是一种人工控制的自持链式反应装置。它只让这一代轰击铀核的中子数等于上一代轰击铀核的中子数（中子增殖因子 $k=1$）。多余的中子，或者是被铀、铀中杂质和裂变产物“吃掉”，或者被控制棒吸收，或者是泄漏掉了。反应堆中的核反应像接力赛一样只是一个一个地接下去（如图 1–11），所以是一种平缓的核反应，均衡地释放出能量。如果一旦发生“过激”现象（中子增殖因子 $k > 1$），由于它有控制棒控制中子，有冷却剂传出热量，有注水、应急冷却、紧急停堆等许多系统分兵把关，许多“把关”的“大将”，就会立刻把它“镇压”下去，确保链式反应平缓地进行。即使这些“大将”没有把“关口”把好，由于反应堆的燃料特性，是“啤酒类”低浓铀燃料，不是“酒精类”高浓铀燃料，因此反应堆不可能发生像原子弹那样的爆炸。

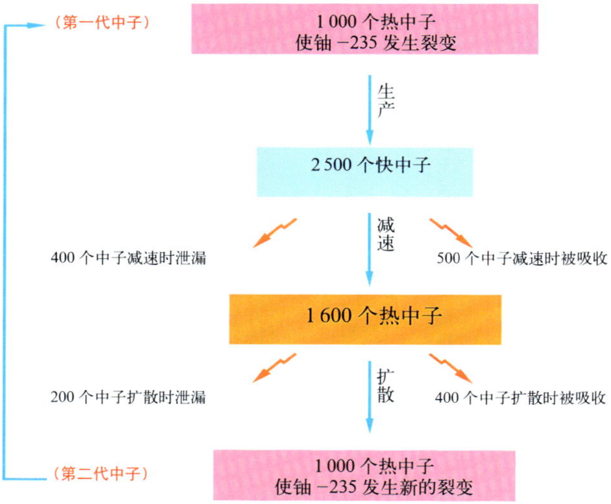

图 1–11　反应堆中的中子平稳地一代一代传下去

3. 链式反应受人控制

原子弹爆炸是用炸药引爆，压缩原子弹内铀 −235 装料，极快进行合并或压实，达到高度超临界，瞬间释放出巨大能量。而反应堆具有一系列保障措施，可靠地控制着反应性。系统故障时，电脑不仅自动报警，而且会显示排除故障的程序。值班人员只要按照电脑指令排除故障即可。如果值班人员排除故障错误，电脑又会自动报警。核电站操作员都受过严格的培训和考核，在模拟机上做过反复演练，熟练掌握了操控技巧，会冷静应对和处理可能发生的故障。

4. 苏联切尔诺贝利核事故和日本福岛核事故都不是核爆炸

切尔诺贝利核事故和日本福岛核事故，是全世界核电 16 000 多堆 · 年史上最严重的 2 起事故，但它们都不是核爆炸。

苏联切尔诺贝利核事故 1986年4月26日，苏联切尔诺贝利核电站4号机组（石墨水冷堆）由于工作人员违章操作和判断失误，加上反应堆设计缺陷，堆功率剧增，堆芯熔化，产生大量蒸汽， 发生蒸汽爆炸（不是核爆炸！），石墨燃烧，由于反应堆没有安全壳，造成大量放射性物质（12×10^{18}Bq）释入大气，使白俄罗斯、乌克兰和俄罗斯约3万平方千米面积土地受到了不同程度的污染。这是核电史上第一起最严重的事故，定为国际核与辐射分级的7级特大事故。切尔诺贝利核电事故发生时和抢险过程中共造成30人死亡，其中28人死于过量辐照，2人死于爆炸，这是"国际切尔诺贝利事故10周年大会"权威性结论。

日本福岛核事故 2011年3月11日，日本福岛地区发生里氏九级东日本大地震，并引起巨大海啸。海啸产生约14米高的海浪，远远超过设防高度5.7米，使福岛第一核电厂交流电源失效，应急柴油机也失效。堆芯丧失有效冷却，堆芯熔化，核燃料的包壳材料锆和水发生化学反应，产生大量氢气， 发生氢气爆炸（不是核爆炸！）， 造成大量放射性物质释放到环境中，20公里范围内居民应急撤离。为使反应堆降温，喷射大量海水进行冷却，形成大量高含盐量的放射性废水。反应堆厂房出现污水泄漏， 有些污染水渗进了地下水和流入了海洋。造成核电史上第二起最严重的事故，也定为7级特大事故。日本福岛核事故发生时和抢险过程中未发现造成人员死亡。

切尔诺贝利和日本福岛核事故引起了国际组织、各国政府、核电科技工作者和管理者的极大重视，采取了许多措施。例如：对类似构造的核电站实施整改或关闭，改进设计，提高安全性，加强人员培训，改善人机接口，修订安全法规，完善维修和运行规程，严格安全监督制度等。现在新建核电厂的运行安全目标是：百万千瓦电功率的压水堆电站，堆芯熔化的年发生概率小于十万分之一[10^{-5}/（堆·年）]；大量释放放射性的年发生概率小于百万分之一[10^{-6}/（堆·年）]。确保这样低的风险概率，对核电安全疑虑和担心是不必要的。

第五章　核能发展前景广阔

核能不仅可以用于军事目的，制造原子弹和氢弹，推进核航母和核潜艇等，更可以和平利用，用它发电、供热、制氢、海水淡化等。核能是清洁、安全、经济的能源，减少污染物排放，避免酸雨，降低温室效应， 减少 PM2.5 严重超标的雾霾天气。

1. 人们需要稳定高效的清洁能源

现在全世界有 70 多亿人口，联合国预言，到 2050 年世界人口将增加到 90 亿，2100 年可能增长到 105 亿。随着人口的增长和经济的发展，对能源需求将大量增加，2050 年增长为 2 倍，2100 年增长为 3.5 倍。这不仅使地球化石燃料将消耗殆尽，而且，化石燃料燃烧释放的污染物，将使地球不堪重负，人们需要清洁的能源。

一座 100 万千瓦核电厂，一年只消耗 20 ~ 30 吨核燃料，而一座 100 万千瓦的煤电厂，一年要烧掉 200 ~ 300 万吨煤。燃烧的煤每天需要约 100 节火车皮运输，而同样规模的核电厂，全年使用的燃料只需要几辆卡车运输（见图 1–12）。

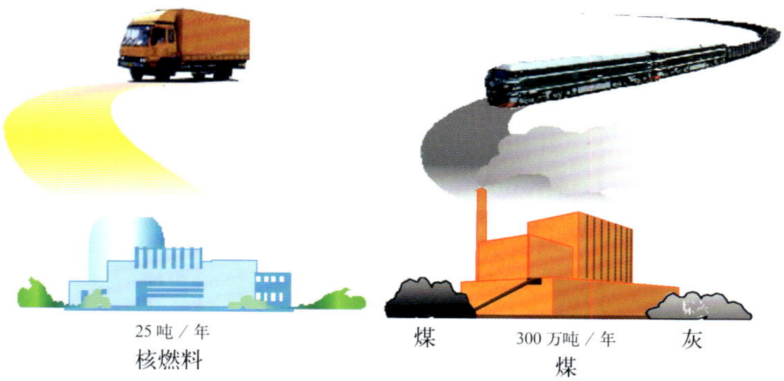

图 1–12　100 万千瓦煤电厂与火电厂燃料消耗的比较

煤电厂不仅“吃”得多，而且“拉”得也很多，一座100万千瓦的煤电厂，每年除要排出20多万吨炉渣外，还往大气中排放大量的二氧化碳、二氧化硫、氮氧化物、一氧化碳和颗粒物。请看表1-1的数字,真是不看不知道,一看吓一跳。不改善能源结构，PM2.5严重超标，十面“霾伏”的雾霾天气只会越来越多。

表1-1 一座100万千瓦煤电厂一年排出的废气

组分	二氧化碳	二氧化硫	氮氧化物	一氧化碳	颗粒物
数量	(600~700) 万吨	(5~10) 万吨	(2~3) 万吨	(3~6) 千吨	(2~3) 千吨

煤电厂不仅产生许多炉渣和废气，排出的炉渣和烟气中还含有重金属（如铅、砷、镉、汞等）和少量放射性物质（如铀、钍、镭等）。煤电厂排出的放射性物质所产生的辐照剂量虽然仍然在本底范围内，但它比正常运行的核电厂所产生的辐照剂量高，这是国际监测证明的事实。还有大家熟悉的酸雨，这是燃烧煤放出的二氧化硫和氮氧化物所造成的。

这里，要特别说一下温室效应。大家知道，二氧化碳是主要的温室气体。烧煤电厂放出这么多二氧化碳，是造成温室效应的罪魁祸首。国际气候变化委员会（IPCC）警告说：如果世界上按现在这样排放二氧化碳，到2100年，全球平均气温将上升1.5～3.5℃，会使海平面升高约1米。这时候，大片海岛和浅滩将会被淹没。全球气候变暖，可能引发热浪、干旱、洪涝和暴风雨等自然灾害（如图1-13），每年造成数千亿美元的损失，并且带来更多疾病危害。1992年，在巴西里约热内卢召开的世界环境与发展大会，各国首脑共同签署了《气候变化框架条约》，要求减少二氧化碳的排放。1997年，日本京都召开防止全球气候变暖国际会议，签署了《京都议定书》。要求工业发达国家2008—2012年的温室气体平均排放量比1990年各自减少6%～8%。环保的巨大压力，使人们注目清洁的能源——核电。

图 1–13　洪水泛滥、土地干枯沙化，这都是温室效应气候变暖造成的可怕后果

2. 核电发展势不可挡

1492 年，意大利航海家哥伦布发现美洲新大陆。1942 年，意籍美国物理学家费米首次实现了受控的自持链式反应，有人称之为“登上了原子能新大陆”。

70 多年来，世界上已设计建造了许许多多各种用途的反应堆。按照用途来分，可分为动力堆、生产堆、研究堆、特殊用途堆等；按照冷却剂和慢化剂来分，又可分为轻水堆、重水堆、石墨气冷堆、石墨水冷堆、高温气冷堆、快中子堆等（见图 1–14）。在目前，核电站中以压水堆和沸水堆所占的比例最大，分别占 60% 和 20%，重水堆约占 10%，其他占 10%。

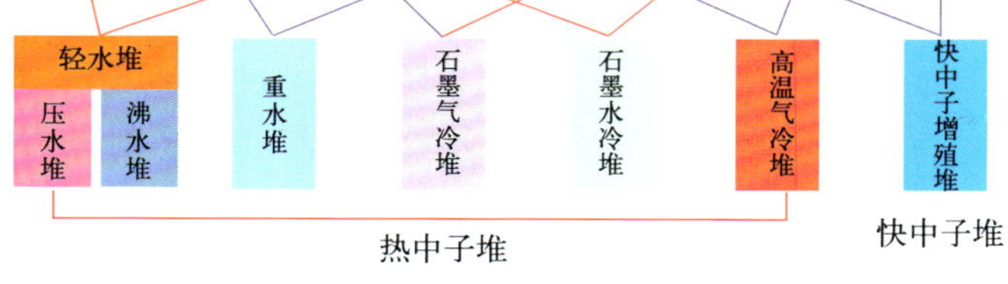

图 1–14　多种多样的反应堆

国家经济的发展和人民生活的改善都离不开能源，少不了电力供应。火电、水电和核电是世界电力供应的三大支柱。

日本福岛核事故之后，少数国家的核电发展受到了重大影响，如日本和德国等。但这次事故没有导致核电发展全面长期沉沦，经过安全分析和评估论证，发展核能仍然是许多国家的重要选择。现在，不仅亚洲的中国、印度、韩国有庞大的核电发展计划，俄罗斯、英国、美国、加拿大、巴西、芬兰、波兰、罗马尼亚等许多国家都有新建核电站和（或）原有核电站“延寿”（延长服役时间）的计划。据 2014 年 4 月国际原子能机构的统计，全世界共有 435 座核电堆在运行发电中，提供了世界 12.3% 的总电量，还有 72 座核电反应堆正在建设。世界核能协会统计，有 45 个无核国家正在计划或积极考虑发展核电，如：马来西亚、阿尔及利亚、越南、泰国等国家。

3. 后来居上的中国核电

近十年来，我国国民经济持续高速发展，累计能源消费总量占世界总量的 53%，年均增速为世界的 3 倍。我国虽是能源大国，但人均能源占有率很低，并以煤炭为主（见图 1–15），产地分布不均匀，带来了开发、运输、二氧化碳排放等诸多困难和问题，节能减排和环境保护压力巨大，能源和资源约束经济发展矛盾突出。我国在 2013 年 1 月 1 日发布的《能源发展“十二五”规划》中，明确提出“安全高效发展核电”的方针。

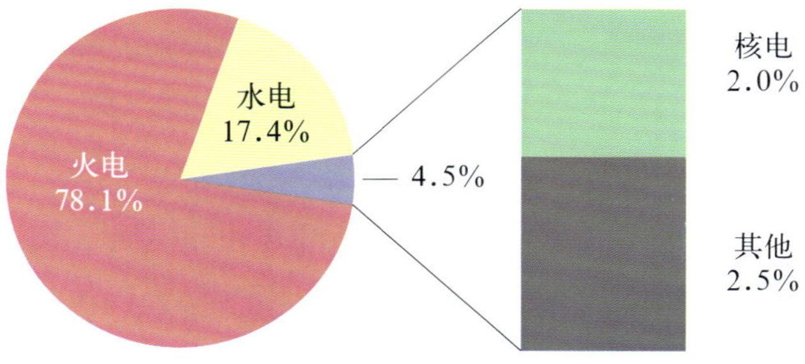

图 1–15 我国电力结构组成图

我国的核电建设实施热堆、快堆、聚变堆“三步走”技术路线，以百万千瓦级先进压水堆为主，积极发展高温气冷堆、商业快堆和小型堆等新技术。

我国核电建设，坚持“安全第一、质量第一”的方针，采取“以我为主，中外合作”的技术路线，通过引进、消化吸收、再创新，稳步推进自主品牌的建设。现在，我国已具备自主设计、建造、运行和管理百万千瓦压水堆核电机组的能力和相应的研发体系。

大陆核电站自浙江秦山一期在1991年投产发电以后，已有21个核电机组在发电运行，位于美国、法国、俄罗斯和韩国之后，排列世界第5位；现有27个机组正在建设中，在建核电站的数目之多居世界第一位。我国规划2020年建成的核电站将超过5 800万千瓦，并有3 000万千瓦在建设中。秦山一期是我国自主设计和建造的第一座压水堆核电机组，大亚湾是我国从法国引进的核电站。现在秦山和大亚湾都已建设成为核电基地。秦山核电基地和大亚湾核电基地的照片见图1–16。

图1–16 秦山核电基地（左）和大亚湾核电基地（右）

4. 内陆核电站发展有很大空间

现在，我国沿海各省已建成了和还在建设着许多核电站（见图1–17），内陆诸省建造核电站的空间很大。美国运行中的一百多座核电站中，有75%在内陆，法国的内陆核电站超过60%，加拿大和俄罗斯也有许多核电站建在内陆。世界上许多内陆国家建有核电站， 如瑞士、奥地利、捷克、斯洛伐克和匈牙利等。

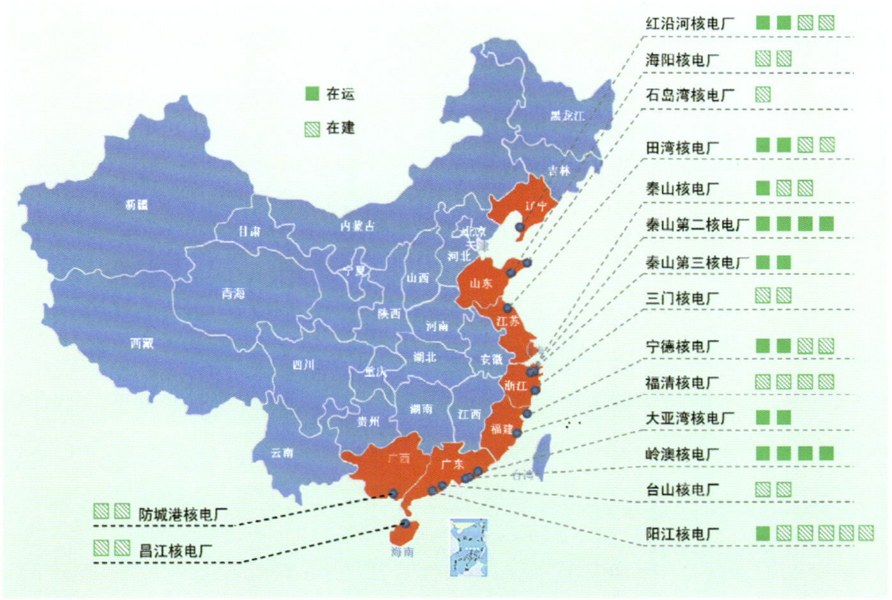

图 1–17　我国大陆运行和建设中的核电站

5. 第三、第四代核电站

20 世纪 90 年代，世界上研发第三代核电技术。我国广东台山和芬兰正在建造的 EPR 核电站（法国阿海珐公司的欧洲压水堆），山东海阳和浙江三门正在建造的 AP1000 核电站（美国西屋公司的先进非能动压水堆），还有美国通用电气公司的 ABWR 先进沸水堆等，都属第三代核电技术。AP1000 用加压气体、重力流、自然循环流以及对流等自然驱动力，不使用泵、风机等能动部件，无需运行人员操作和安全级支持系统就能保证安全运作，使得系统大大简化。此外， AP1000 在安全壳上部加设了一个非能动提供冷却水和防止轰炸与空袭的大水箱。我国自主开发了 “华龙一号” 和 CAP1400 等第三代压水堆电站(见图 1–18)。

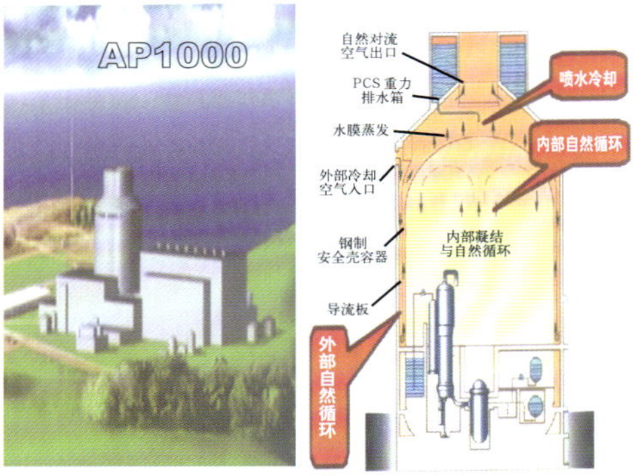

AP1000

“华龙一号”

图 1–18　第三代核电站

本世纪初，国际上提出了安全性和经济性更加优越，废物量极少，无需厂外应急，具有防核扩散能力的第四代核电站。第四代核电站包括超临界水堆、超高温气冷堆、钠冷快堆、铅冷快堆、气冷快堆和熔盐堆等六种类型。人们估计，第四代核电技术将在 2030 年后开始商业运行。

6. 核能利用前景广阔

核能可以用来供热、炼钢、制氢和淡化海水等。

① 海水淡化解决缺水

淡水在地球上储量很少，可供人类直接利用的地表水极其有限，不足地球上水储量的 0.25%。水危机威胁着世界 2/3 的人口。我国许多城市也严重缺水。

海水是无穷无尽的水资源，海水淡化是解决缺水的重要办法。海水淡化目前商用技术是蒸馏和膜技术，这两种技术都要消耗大量的能量。

反应堆产生的热能或电能，是取代化石燃料进行海水淡化的最佳选择。海水淡化反应堆装置原理见图 1–19。核能海水淡化始于 20 世纪 70 年代初。国际原子能机构成立了国际核能海水淡化顾问组，推动核能海水淡化的研究开发。

一座200兆瓦的核供热堆与多效蒸馏淡化工艺相配合，可以日产淡水达16万吨。

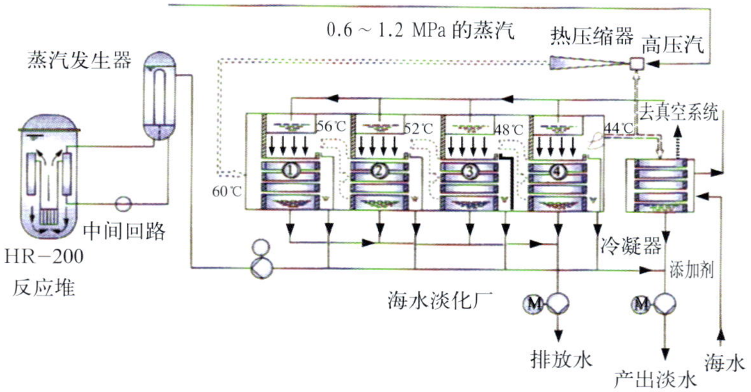

图 1−19　海水淡化反应堆装置原理图

在国际原子能机构的积极推动下，不少国家海水淡化研究十分活跃。法国、俄罗斯、韩国、埃及、印度、日本、哈萨克斯坦等国都在发展核能海水淡化工厂，我国清华大学也在研发核能海水淡化。

② 用核能制氢

氢能是二次能源，它和电一样是消耗一次能源而获得的，可以由燃烧化石燃料所产生的电或热来制备，也可以由反应堆所产生的电或热来制备（见图1−20）。现在氢主要由天然气、石油和煤等化石燃料生产。氢的燃烧热值高，是天然气或石油的2.7倍，是煤的3.5倍。它的燃烧产物是水，没有污染和温室气体效应。氢的用途广泛，它可用作火箭、导弹、汽车、飞机等的燃料，可作成燃料电池使用，也可做成金属氢武器。由于氢的高附加值、保护环境和燃料资源的重大作用，氢能开发利用成为21世纪关注的热点。

核能生产氢是20世纪70年代提出的。核能产氢主要有以下三种办法：

(1) 反应堆发电，进行水的电解制氢；

(2) 利用反应堆产生的高温，进行水的热化学分解制氢；

(3) 核能与化石燃料共生法产氢。

应该说，反应堆发电—电解水制氢，技术是成熟的，但目前电解水制氢的能耗较高。对于后两种方法制氢，尚在开发研究中。建立优化的核能／氢能系统，解决氢的生产和储运问题，正是人们现在研究开发的重要目标之一。

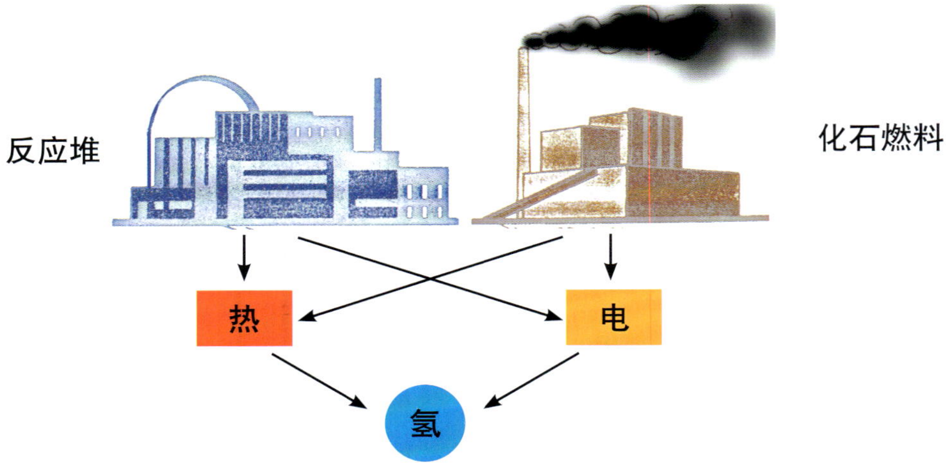

图 1-20　制取氢能

第六章　聚变能可久远使用

1. 核燃料能用多久

煤、石油、天然气等化石燃料是古生物长期深埋在地底下形成的。燃完即完，不能再生。并且它们是宝贵的化工原料，烧掉可惜。地球上，煤、石油、天然气的储量有限，分布不均。中东地区的石油储量丰富，一直成为列强争抢的目标。缺少化石燃料的国家，在 20 世纪 70 年代就已饱尝过石油危机引发的世界经济危机所带来的苦恼。

铀在地壳中贮存量虽然不算很多，但是地壳中有着丰富的钍，钍的埋藏量为铀的 3 ~ 4 倍。钍有 25 种同位素，主要是钍 -232。钍 -232 和铀 -238 一样，它不是易裂变材料，但它可转换成易裂变核燃料铀 -233。

地球上铀钍资源的能量，是全部化石燃料总能量的20多倍。而且，海水中还含有很多铀。从海水中提铀，最重要的是研发好的吸附剂和吸附装置。现在世界上还没有一个国家实现工业化海水提铀，但是已解决1克吸附剂可从海水中吸附1毫克铀。所以，实现海水提铀的日子也不会遥远了。

2. 快中子堆的发展会快起来

快中子堆简称快堆，是由快中子引起链式裂变反应并可实现核燃料增殖的反应堆。快中子堆在运行中消耗易裂变材料（铀－235），又产生新易裂变材料（钚－239）。新产生的易裂变材料比消耗的易裂变材料多，因此称其为增殖堆。

现在，世界上所运行的反应堆绝大多数是热中子堆。热中子堆利用的只是铀－235。天然铀中将近99.3%是难裂变的铀－238。铀－238可以在快中子堆中通过核反应转换成易裂变的钚－239（见图1–21）。

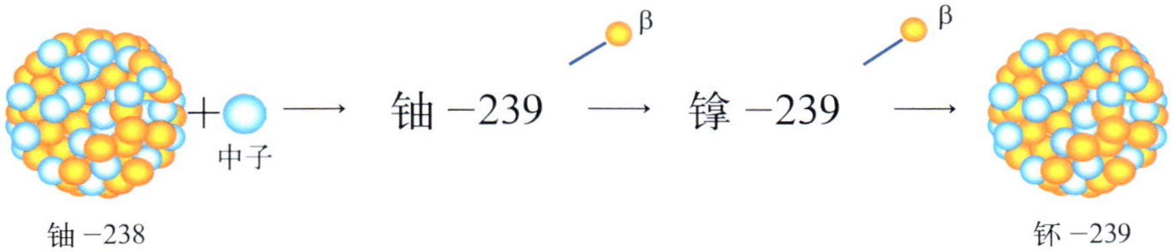

图1–21 铀–238核反应转化成为钚–239

快中子堆裂变可使铀资源的利用率提高50～60倍。此外，快堆还可消耗热中子堆所产生的令人头痛的长寿命锕系元素，减轻地质处置高放废物的负担。

早在1951年，美国就建造了实验快中子堆（热功率1.4兆瓦）。后来，在美国、苏联、英国、法国、德国、日本、印度等许多国家，先后建成了20座实验快堆或原型快堆，累计运行已超过350堆·年。中国第一座实验快堆已在中国原子能科学研究院建成。我国计划于2017年开工，2023年建成60万千瓦快堆示范电站。

3. 实现核聚变发电不会太远

如果说，热中子堆核电站是开创核能发电先河的电站的话，快中子堆核电站就是后生可畏的电站，聚变堆发电则是核能发电发展到了登峰造极的地步。聚变是两个轻原子核，形成一个较重原子核。例如氘和氚聚合变成氦。这种反应在太阳上已经持续了150亿年。

核聚变反应为（见图1–22）：

氘（^{2}H）+氚（^{3}H）⟶氦（^{4}He）+中子+能量（E）

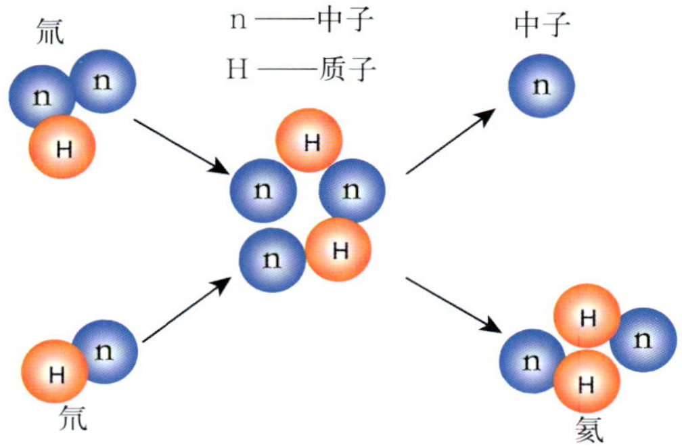

图1–22　氘氚聚变反应

聚变反应氘与氚结合，重新组成原子核时要放出结合能，释放的能量，可用爱因斯坦质能关系式计算出来。氘、氚聚变所释放的能量，是同等质量铀–235裂变所释放能量的4倍。聚变反应不会产生强放射性物质。而且，海洋中有取之不尽的氘，海水中氘含量为34毫克/升，地球上总氘量多达40万亿吨，可供人类用200亿年。氚可用锂（锂–6）来生产，自然界中锂也很丰富。所以聚变能发电是更理想的能源。

氢弹是不可控的聚变反应，这早已经实现。但是受控核聚变反应难度很大，因为氘和氚原子核都带正电，要使它们聚合必须克服很强的库仑斥力，这需要加热到几亿度的高温，使它们成为等离子态，并且还要约束这些等离子体达到一定密度（100万亿个/立方厘米以上），并保持1秒以上时间。实现受控核聚变有两种途径，即磁约束和惯性约束。惯性约束是利用超高强度的激光在极短时间内辐照靶板来产生聚变。国际聚变研究规划是先建聚变实验堆，再建造示范聚变电站。核聚变专家估计，本世纪下半叶，可以实现聚变商业发电。

2006 年 11 月，欧盟、日本、中国、美国、韩国、俄罗斯和印度签署协议，在法国卡达拉奇合作建造国际热核聚变实验堆（ITER）。预计投资 100 亿欧元，于 2018 年建成 50 万千瓦热核聚变实验堆。图 1–23 为国际热核聚变实险装置模型图。

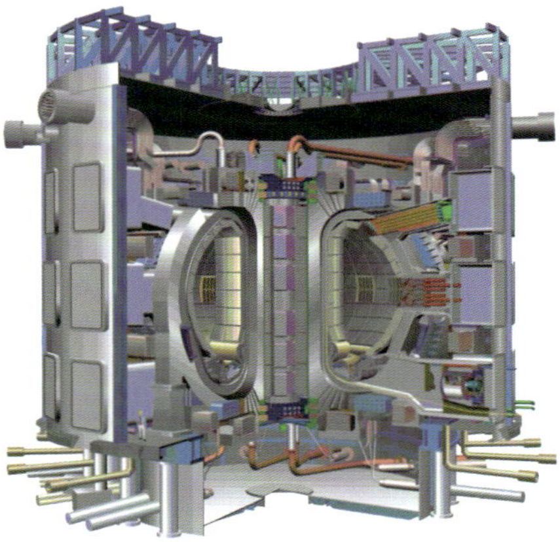

图 1–23　国际热核聚变实验装置模型图

我国重视核聚变开发研究，已取得不少重要成果。核工业西南物理研究院已建成了“中国环流器一号”、“中国环流器新一号”和“中国环流器二号 A”（见图 1–24）装置；中国科学院合肥等离子体研究所建成了全超导磁体托卡马克装置 EAST（见图 1–25）。

图 1–24　“中国环流器二号 A”托卡马克实验装置

图 1-25　全超导磁体托卡马克装置

第二篇
武库霸主——核武器

控制核弹头起爆的“黑盒子”和“核按钮”具有莫大的神秘性。很多人都想知道，被誉为武库霸主的核武器到底有多大威力？核武器为什么会有这么大的杀伤破坏力？原子弹、氢弹、中子弹是怎么制造的？核武器还有什么新花样？很多很多的问题，这一篇将给你做出回答。

第一章　威力无比的核武器

1. 核武器为什么有这么大威力

核武器是以核裂变或核聚变或两者兼含而制成的大规模杀伤性武器。

核武器装的是核燃料（又称核装料或核材料），爆炸后进行着不可控制的核裂变或核聚变反应，在零点几微秒这样极短的时间里，释放出巨大核能，产生大规模的杀伤破坏作用。

常规武器中的普通炮弹和炸弹，里面装的是化学炸药，爆炸时释放的是化学能。

核能比化学能要大得多！

1 千克梯恩梯炸药释放的能量为 4.2×10^{6} 焦耳。

1 千克铀 −235 裂变释放能量为 8×10^{13} 焦耳。

1 千克铀 −235 裂变释放能量相当于 2 万吨梯恩梯炸药（见图 2−1）。

1 千克氘、氚聚变，释放的能量相当于 8 万吨梯恩梯炸药。

因此，核爆炸时爆炸中心达到上千万度的高温，数百亿个大气压的压力。

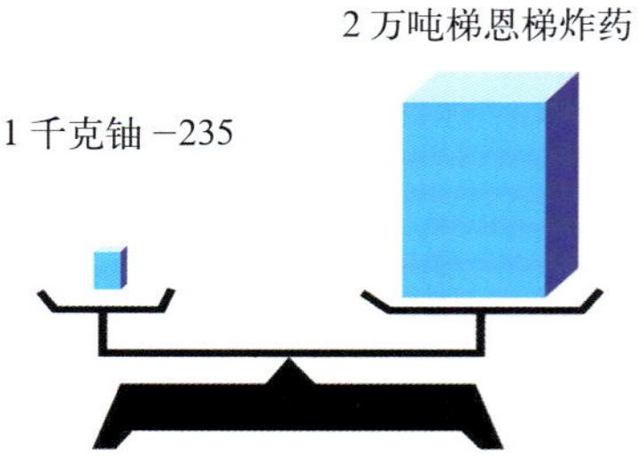

图 2−1　两者威力相比，核武器威力真是大！

2. 什么是梯恩梯（TNT）当量

核武器的威力，通常用梯恩梯（TNT）当量表示。梯恩梯当量不是重量，而是说这个核武器爆炸放出的能量和多少吨梯恩梯炸药爆炸时放出的能量相当。梯恩梯炸药就是常用的三硝基甲苯炸药，它是计量炸药威力的基准。美国 1945 年 7 月 16 日在新墨西哥州试验的第一颗原子弹为 1.9 万吨梯恩梯当量，就是其爆炸时放出的能量相当于 1.9 万吨梯恩梯炸药爆炸所放出的能量，而不是它的重量是 1.9 万吨。

3. 核武器与常规武器有什么区别

核武器是大规模杀伤性武器，它与普通炸弹、炮弹存在着以下差别：

①威力不同	原子弹爆炸威力为几万吨到几百万吨梯恩梯当量； 氢弹的爆炸威力为几百万吨到几千万吨梯恩梯当量。
②杀伤范围不同	普通炸弹的杀伤半径只有几十米到几百米； 原子弹、氢弹杀伤半径可达几千米到几十千米。
③杀伤作用不同	普通炸弹是靠炸药爆炸所产生的气浪和弹壳碎片造成杀伤作用； 核武器杀伤作用除气浪的冲击波外，还有光辐射、贯穿辐射、放射性污染、电磁脉冲等多种破坏杀伤作用。

第二章　揭开原子弹的秘密

1. "小男孩"和"胖子"坠地惊世

1945 年 8 月 6 日，一个晴朗的星期天早晨，一架美国 B-29 轰炸机在日本广岛高空扔下了一顶降落伞，掉头就跑。当降落伞降到离地面约 600 米高度时，猛然发出强烈的闪光，紧接着发出惊天动地的巨响，蘑菇云升上了九天。顷刻间，广岛市成为一片火海，爆炸中心周围 2 千米的建筑物几乎完全摧毁。这座 24 万人口的工业城市，死伤近 13.5 万人（死 6.6 万人，伤 6.9 万人）。这就是美国制造的命名为"小男孩"（Little Boy）的原子弹（见图 2-2）造的孽。

1945 年 8 月 9 日，也就是广岛原子弹爆炸后的第三天，日本海港城市长崎也遭受了同样的厄运，顷刻间造成死 3.9 万人，伤 2.5 万人。这是美国制造的另一枚命名为"胖子"（Fat Man）的原子弹（见图 2-2）给长崎人民带来的灾难。

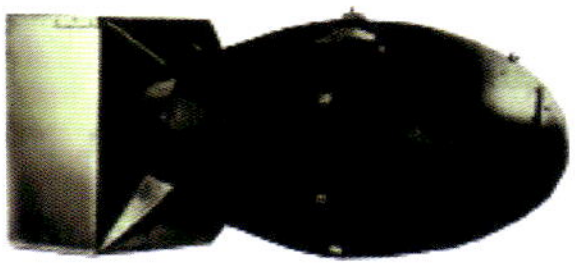

图 2-2　美国扔在日本的两颗原子弹

（上）1945.8.6 美国扔在日本广岛名为"小男孩"的原子弹，高 3.2 米，直径 71 厘米，重约 4 吨，铀装料。

（下）1945.8.9 美国扔在日本长崎名为"胖子"的原子弹，高 3.66 米，直径 1.5 米，重 4.672 吨，钚装料。

2. 揭开原子弹的神秘面纱

广岛、长崎核灾难的恐怖阴云，久久笼罩着人们的心灵，原子弹成为骇人听闻的妖魔。其实，剥开它的外衣，原子弹并不神秘。

原子弹用高能烈性炸药引爆，迅速使处于亚临界状态的核装料（铀 -235 或钚 -239）达到超临界状态，并迅速由中子源提供的中子引发裂变链式反应，瞬时发生自持链式反应，释放出巨大能量。

原子弹实现爆炸的方法有以下两种

① 压拢法（也称枪型）

这是将核装料做成两个半球。爆炸时，先由引爆控制系统发出引爆指令，触发雷管，引爆炸药。借助烈性炸药的强大冲击力，把准备好的另一块像枪弹一样的核装料，通过导向槽打入到两个半球中。达到临界质量才能发生爆炸（见图 2-3），正如中国神话“张羽煮海”故事中，龙女偷的白龙宫宝器（三块劈柴）那样，三块劈柴分开放置不会燃烧，但放在一起，便燃烧起熊熊大火来。这样，瞬息之间达到超临界状态，并适时提供中子，迅速引起自持链式反应，发生核爆炸。

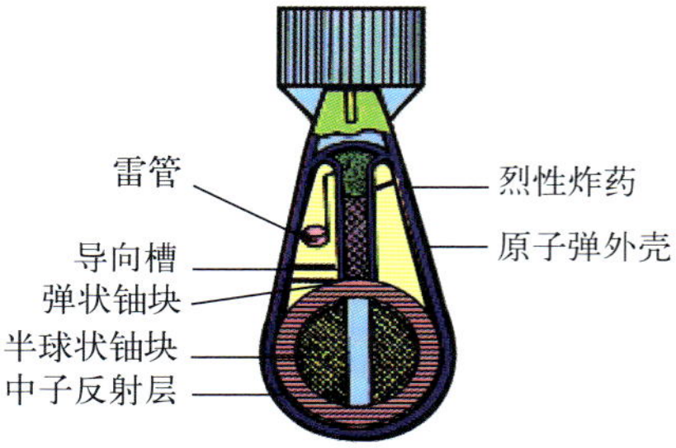

图 2-3　压拢法原子弹原理图

②压紧法（也称内爆型）

这是将处于次临界状态的核装料球体放在原子弹的中心，在其外围布置上许多烈性炸药和雷管。引爆后，烈性炸药同时爆炸，产生向球心聚焦的强大压力，把核装料压缩到极高的密度，达到超临界，并由球中心的中子源提供中子，迅速引起自持链式反应，发生核爆炸（见图 2-4）。

压拢法利用增大质量达到超临界，压紧法利用增大密度达到超临界。前者核装料利用率低（＜10%），后者核装料利用率高（可达 20%），我国第一颗原子弹用的是压紧法。现在的原子弹多用压紧法。

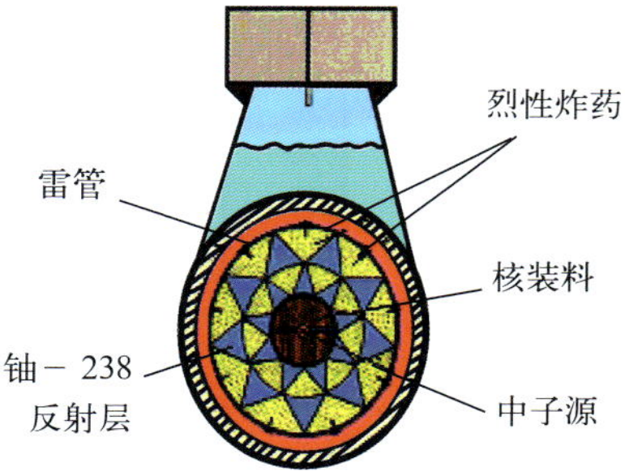

图 2-4　压紧法原子弹原理图

3. 蘑菇云是怎样形成的

原子弹在空中爆炸时，首先在爆心出现耀眼的闪光，照亮周围几十到几百千米远的天空和地面。随着闪光出现，发出惊天动地的爆炸巨响。在爆心出现一个红色火球，它的温度有几百万甚至几千万摄氏度，压力有上亿甚至几百亿个大气压。火球强烈向外膨胀，并放出各种波长的光辐射，包括 X 射线、紫外线、可见光、红外线等。这火球体积不断扩大，不断上升，温度不断下降，光亮程度逐渐减弱。对于爆炸威力为 2 万吨梯恩梯当量的原子弹，爆炸以后半秒钟，火球直径可达一二百米，几秒钟之后火球降温到近 2 000 摄氏度，逐渐变成一团暗棕色或灰白色的大团烟云翻滚着上升。

当火球急剧膨胀时，爆心下方的地面向上扬起一团团尘土、碎石或瓦砾，被气流带入空中，形成了一个粗大、不断上升的尘柱，这尘柱很快和上升的烟云连成一体，这就形成了原子弹爆炸的特征景象——蘑菇云。蘑菇云在原子弹爆炸之后十分钟可上升到一二十千米的高空，蘑菇云顶端烟云在空中维持约 1 小时。空中爆炸、地面爆炸和水下爆炸蘑菇云的形状是有大区别的（见图 2-5 ～图 2-7）。

图 2-5　空中爆炸蘑菇云

图 2-6　地面爆炸蘑菇云

图 2-7　水下爆炸蘑菇云

4. 原子弹的破坏杀伤作用有哪些

原子弹爆炸时有以下五种毁伤作用。这五种毁伤作用的程度是不同的（见图 2-8）。

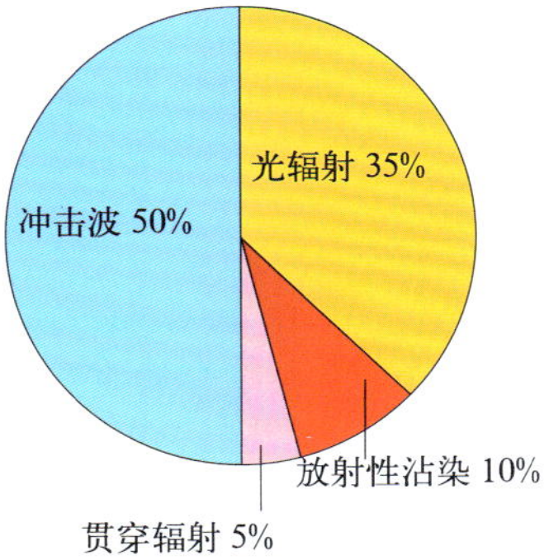

图 2-8　原子弹爆炸时毁伤作用能量分配图（电磁脉冲所占份额很小）

（1）冲击波　这是原子弹杀伤破坏作用的主要因素。爆炸时，爆炸中心的火球温度达到几千万度，火球猛烈向外膨胀，挤压周围空气，形成高压、高速的气浪。向四周迅速传播，产生巨大的冲击波，对工程建筑设施、武器装备和人员有巨大的杀伤破坏作用。

（2）光辐射 原子弹爆炸形成巨大火球，辐射出非常强的光和热，这就是光辐射。它会使受照射物体熔化、焦化或者燃烧，引起火灾，使人致盲等。

（3）贯穿辐射 这是在原子弹爆炸最初几秒钟内放射出来的 γ 射线和中子流。因为它们有很强的穿透力，所以称为贯穿辐射。它可使受照者产生急性放射病和远期致癌效应与遗传效应，中子还可感生放射性物质 *。

（4）放射性污染 这包括核爆炸产生的放射性裂变产物、未爆炸的核装料及感生放射性物质。核爆炸时散布在大气中，沉降在地面上，形成空气、水、土壤、生物的污染，给人带来内照射和外照射危害。不仅有短期的杀伤破坏作用，还有长期的杀伤破坏效应。

（5）电磁脉冲 这是核爆炸瞬间形成的强脉冲辐射。主要对电子设备、电气设备、通讯系统产生强大的干扰和破坏作用。

人类的智慧能够发明核武器，人类的智慧也能抵御和战胜核武器。核武器是大规模杀伤性武器，但是它的冲击波、光辐射、贯穿辐射、放射性污染和电磁脉冲五种杀伤破坏作用，都是可以减轻或防御的。有“矛”就有“盾”。弹道导弹可以用反导导弹在空中拦截（见图 2–9），可以摧毁敌方导弹，可以破坏核弹头的电子系统，改变其发射方向等。现在有的国家还在研发核反卫星武器、定向能反卫星武器，用以摧毁太空中敌方的军用卫星。

图 2–9 弹道导弹遭受拦截

* 感生放射性物质——被强核辐射激活（活化）而形成的放射性物质。

第三章　威力更大的氢弹

1. 比太阳更亮的火球

太阳为什么这样红？大家知道，太阳中进行着氘氚聚变反应。氢弹就是进行着这种聚变反应，只是它爆炸时我们离它的距离要比离太阳近得多，所以看起来比太阳更红、更亮（见图 2–10）。

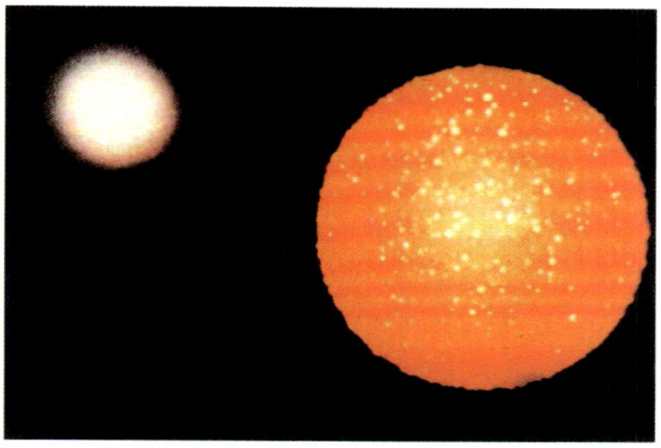

图 2–10　氢弹爆炸，比太阳更亮的火球（左上方为太阳）

氘氚聚变释放的能量为铀–235 裂变反应放出的能量的 4 倍，科学家们提出用聚变反应来制造威力更大的炸弹。但是氘氚的聚合必须在很高温度（至少 1 千万摄氏度）和极大压力（上亿个大气压）下才有可能。怎么制造这样的高温和高压呢？人们想到原子弹爆炸可以产生这样的高温和高压，所以采用原子弹作引爆，实现氘氚聚变反应。因为氘和氚都是氢的“同胞兄弟”，它们是氢的同位素，所以把它称为氢弹，也称热核弹。

2. 笨重的氘氚弹

最初制造的氢弹用三个互相分开的铀块或钚块作为原子弹的装料。原子弹装料由雷管和烈性炸药引爆后迅速压拢达到超临界状态，发生核爆炸，产生氘氚聚变所需要的高温。在这样的高温下，氘氚迅速进行聚变反应，放出巨大的聚变能，实现氢弹爆炸，氢弹结构示意图（见图 2–11）。氘和氚在常温下都是气

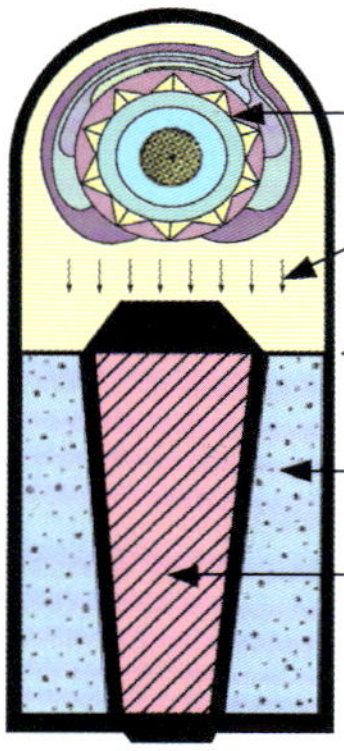

图 2–11　氢弹结构示意图

体，气体密度很小，需要把它冷冻到零下 200 多摄氏度，变成液体后作为装料，这使得氢弹体积很大。美国 1952 年 11 月 1 日在太平洋马绍尔群岛的一个小岛上试验的第一个氢弹装置“迈克”，爆炸威力很大，达 1 040 万吨梯恩梯当量，但其用的液态氘和氚重量达 65 吨。这样笨重的家伙不能用飞机运载，缺乏实用价值。

3. 小型化的氘化锂弹

苏联科学家改用氘化锂 -6 作装料。因为原子弹引爆释放出来的中子与锂 -6 反应会产生氚，让产生的氚和氘发生聚变反应。这样的氢弹不必采用液态氘和氚，所以有人称它为“干式”氢弹，这种“干式”氢弹大大缩小了体积和减轻了重量。氘化锂氢弹构造图见图 2-12。

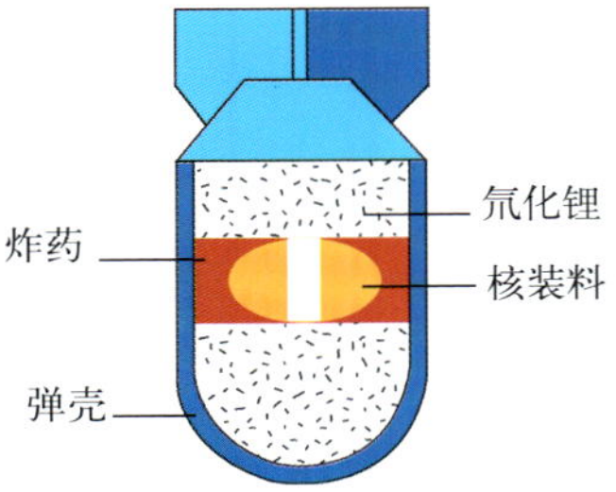

图 2-12 氘化锂氢弹构造图

4. 威力更大的三相弹

氘氚聚合反应时，除放出巨大能量外，还释放出大量的快中子。这种快中子可以使铀 -238 发生裂变反应，科学家们设法把这些快中子利用起来，制造威力更大的氢弹。这种氢弹还是用铀 -235 或钚 -239 作引爆，周围装氘化锂 -6 作聚变原料，在其外层再设一层铀 -238 外壳（见图 2-13）。它的爆炸过程是裂变—聚变—裂变。这种氢弹称为氢铀弹，也称“三相弹”。它比原先氢弹威力大，成本低。美国 1954 年 2 月 28 日试验的 1 500 万吨梯恩梯当量的氢弹就是三相弹。三相弹爆炸时会产生较多的放射性裂变产物，造成的放射性污染比一般氢弹大得多，所以人们又称它为“肮脏氢弹”，现在的氢弹大部分是三相弹。

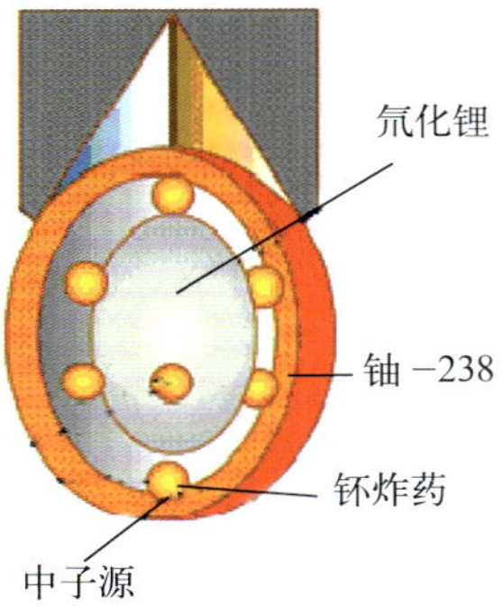

图 2-13 三相弹构造图

氢弹威力可做到几十万吨、几百万吨，甚至上千万吨梯恩梯当量。目前世界上试验过的最大的热核武器已达到 5 800 万吨梯恩梯当量。

第四章　小而悍的中子弹

1. 为了实战需要发展中子弹

原子弹、氢弹威力很大，对建筑设施和武器装备破坏很严重，而且还产生大面积的放射性污染，交战时使得自己的部队不能迅速进入受炸的地区。为了满足实战需要，美国在 1977 年 7 月研制成功了中子弹。美国曾用中子弹武装过陆军和海军部队。我国在 20 世纪 80 年代已宣告研制成功中子弹。

2. 中子弹是增强辐射弹

核武器专家们研制成功了减弱冲击波增强辐射作用的一种超小型化氢弹。它用微型原子弹引爆，不用氘化锂，而用氘氚进行核聚变，无铀 −238 外壳。中子弹构造原理如图 2−14。中子弹有弱的冲击波作用和强的辐射作用，中子弹又称“增强辐射弹”，一般为千吨级梯恩梯当量，是一种战术核武器，中子弹可用战术导弹和榴弹炮等发射（如图 2−15）。

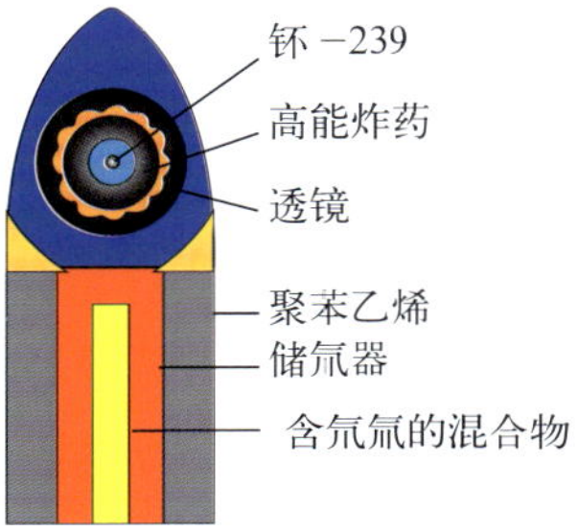

图 2−14　中子弹构造原理图

图 2−15　美制核大炮和中子弹头

3. 对付坦克和堡垒里面敌人的核武器

中子弹的冲击波和光辐射破坏作用降到 20%，而核辐射破坏作用升到

80%。中子弹爆炸时，放出大量的高能中子和强 γ 辐射，可穿透 20~30 厘米厚坦克和装甲车，杀伤 50 厘米厚钢筋混凝土堡垒中的敌人，而对坦克、建筑物和武器装备破坏不厉害，这是一种以消灭敌方有生力量为主的核武器。

第五章　第三代核武器是什么

1. 核武器发展与时俱进

核武器家庭可以说现在是原子弹、氢弹、中子弹三世同堂，第四代核武器正在孕育期。对于核武器的家史，现在流行以下两种说法（见表 2–1）。

表 2–1　核武器分代法

分　代	分　法　I	分　法　II
第一代	原子弹	原子弹和早期氢弹
第二代	氢弹	小型化氢弹，中子弹、冲击波弹、增强 X 射线弹、弱剩余放射性弹、增强辐射污染弹等
第三代	中子弹（增强辐射弹）、电磁脉冲弹、冲击波弹、X 射线弹、定向能核武器等	核激励 X 射线激光武器 核激励 γ 射线激光武器 核激励高功率微波武器（即核电磁脉冲弹） 核动能武器
第四代	粒子束武器，同质异能素武器，反物质武器，金属氢武器等	粒子束武器，同质异能素武器，反物质武器等

2. 什么是特殊性能核武器

前面已经讲过，原子弹有五大毁伤作用。特殊性能核武器，是为了战术需要，增强（或减弱）某方面毁伤力的核武器，例如：

增强辐射作用的核武器——中子弹；

增强冲击波作用的核武器（这也是一种小型氢弹）——冲击波弹；

增强放射性污染作用的核武器——感生放射性弹；

增强 X 射线作用的核武器——X 射线弹；

减少放射性沉降物的核武器——弱剩余放射性武器等。

美国以反恐为由，正在积极发展小于 5 000 吨梯恩梯当量的钻地核弹，以精确的制导可有效摧毁地下武器库和地下掩体。

3. 贫铀弹和“放射性脏弹”不是核武器

贫铀弹是以贫铀为主要原料制成的炸弹、炮弹或枪弹。贫铀是天然铀提取供反应堆或核武器使用的铀 −235 后所产生的废料。其铀 −235 含量已从天然铀中的 0.7% 降到 0.2% ~ 0.3%，贫铀弹不会发生链式核反应，不属于核武器。贫铀弹是利用贫铀和钛制成的合金，具有高密度、高强度、高韧性，穿甲能力很强的特性，用它制造穿甲弹的弹芯，可对坦克装甲、坚固建筑物和机场跑道等进行摧毁性打击。铀是一种具有放射性的重金属，贫铀弹爆炸后形成的放射性气溶胶可对局部范围的人员和环境产生放射性危害。它对参战双方都会带来健康影响， 它的健康危害，主要通过吸入、食入和伤口吸收等途径进入人体内，它对环境造成的污染会带来长远影响。

美国从 20 世纪 50 年代开始研制贫铀弹，已拥有 10 多个型号的贫铀弹（见图 2–16）。美国已在研制可穿透 1 200 毫米厚钢板的贫铀弹。在 1991 年海湾战争，1994—1995 年波黑战争，1999 年科索沃战争和 2003 年伊拉克战争中，美军和其盟军都使用了大量的贫铀弹。

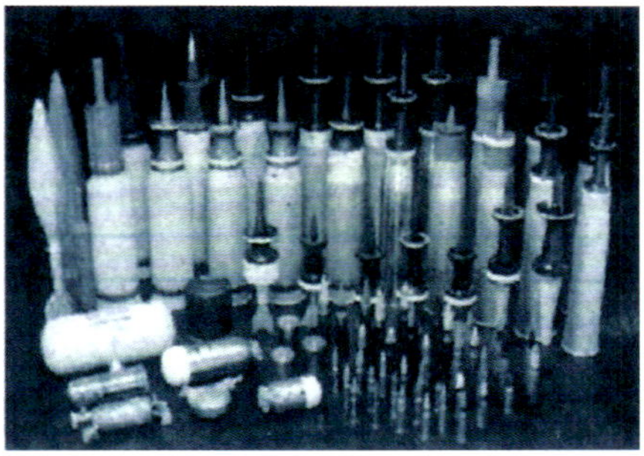
图 2–16　美国制造的贫铀弹

“放射性脏弹” 是恐怖分子和国际犯罪组织盗窃或非法获取核材料或放射性物质制成的一种放射性物质散布装置。爆炸时增加放射性的杀伤作用和形成环境污染，“脏弹” 不是原子弹。“脏弹” 虽然没有巨大的杀伤力，但造成的恐怖影响不可低估。1993 年以来，恐怖分子和国际犯罪组织制造脏弹的罪恶行径，受到国际社会严厉谴责和打击。

4. 定向能武器将成为新秀

现代战争中，希望彻底摧毁敌人司令部或某些重要的目标，而不殃及周围的设施和人群。核武器专家们开动脑筋，开发研制以核能为动力源的定向能武器。他们把核爆炸释放的能量或反应堆能量转变成某种定向能，驱动高功率激光器或高功率微波器，产生对指定方向的远距离目标有巨大破坏作用的粒子束、激光束或微波束。定向能武器的能量非常集中，只对选定目标有特殊杀伤破坏作用。

定向能武器目前还只处在开发研究阶段。定向能武器有多种，如：核爆激励的 X 射线激光武器、光频激光武器，核爆驱动的超高速粒子武器、核电磁脉冲武器、等离子体武器，核反应堆驱动的激光武器等。

第六章　核武器趣闻

1. 你知道第一次核爆炸时间和核试验次数吗

1938 年核裂变发现时正值第二次世界大战前夕，德国法西斯政府曾想过利用核能制造原子武器。匈牙利物理学家西拉德等人起草，爱因斯坦领头签名给美国总统罗斯福写了一封信，说服总统采取行动，制造原子弹。

美国开始了“曼哈顿工程”，建造了三个秘密核基地：① 专门分离铀 −235 的橡树岭；② 专门生产钚的汉福特；③ 专门设计和制造原子弹的洛斯阿拉莫斯。美国集中了世界各国科学精英，如丹麦人玻尔，意大利人费米，英国人查德威克，匈牙利人泰勒和西拉德，德国人贝蒂，苏联人基斯卡柯夫斯基，奥地利人拉比和弗瑞士，华裔女科学家吴健雄等，通过精心组织和策划的国际大合作，美国抢先取得了成功，1945 年制成了第一批 3 颗原子弹。1945 年 7 月 16 日在新墨西哥州荒漠中，实现了第一次原子弹爆炸试验。不久，美国把另外两颗原子弹分别扔到了日本的广岛和长崎。为了达到力量的平衡，苏联也加紧了原子弹制造，英国、法国也都相继制成了原子弹。

我国于1955年开始创建核工业，1964年10月16日，在新疆罗布泊成功爆炸了代号为“596”的第一颗原子弹。图2–17示出了安装在102米高塔顶爆炸的第一颗原子弹。此后，只用了两年零八个月的时间，研制成功了330万吨梯恩梯（TNT）当量氢弹，图2–18示出了机载投掷的第一颗氢弹。从第一颗原子弹到第一颗氢弹，法国用了8.5年，美国用了7.3年，英国用了4.5年，苏联用了4年。中国成为世界上第五个拥有原子弹、第四个拥有氢弹的国家，进入了世界先进核大国行列，这是每个中国人引以为自豪的成就。

图2–17 中国爆炸的第一颗原子弹
（铁塔上爆炸）

图2–18 中国爆炸的第一颗氢弹
（机载投掷）

到20世纪90年代，为发展核武器，美国进行了1 000多次核试验，苏联进行了700多次，我国只进行了45次。在总共2 000多次核试验中，地下核试验1 500多次，大气圈核试验500多次，水下核试验8次（见表2–2）。

表2–2 世界核大国第一次原子弹、氢弹爆炸时间和进行的核试验次数

国家	第一次原子弹爆炸	第一次氢弹爆炸	进行的核试验次数
美国	1945.7.16	1952.10.31	1 030
苏联	1949.8.29	1953.8.12	715
英国	1952.10.3	1957.5.15	45
法国	1960.2.13	1968.8.24	210
中国	1964.10.16	1967.6.17	45

印度在1974年进行了首次地下核爆炸试验。在1988年连续进行了6次核试验。巴基斯坦进行了两组6次核试验。朝鲜进行了3次低当量地下核试验。

2. 多少铀或钚可以造一颗原子弹

多少铀或钚可以造一颗原子弹，这是许多人感兴趣的问题。

原子弹分为铀弹和钚弹，用铀做核装料的为铀弹，用钚做核装料的为钚弹。原子弹要发生链式反应，引起核爆炸，必须要使中子增加的概率大于中子减少的概率。如果中子的减少大于中子的增加，链式反应就会中断（称为熄灭）。这好像烧锅炉供煤量不够，温度达不到100 ℃，水就不能烧开。易裂变材料（铀−235或钚−239）刚好能维持裂变反应而不熄灭的质量，称为临界质量。制造原子弹，必须要满足临界质量要求。一般说来，16千克武器级铀或6千克武器级钚可以造一颗原子弹（随着核武小型化的发展，核装料铀、钚用量可大大减少）。因为钚−239的临界质量比铀−235小，钚弹可以比铀弹做得小一些。

什么是武器级铀、武器级钚？这取决于铀−235的丰度和钚−239的丰度，看下面的表就明白了（见表2−3和表2−4）。

表2−3 铀的分级和用途

铀分类	天然铀	贫化铀	富集铀（铀−235）		
			低浓铀	高浓铀	武器级铀
铀−235丰度（%）	0.71	<0.71	≤ 20	≥ 20	≥ 90
主要用途	重水反应堆	贫铀弹 反应堆中生产钚−239	核电站 研究堆	研究堆	原子弹

表2−4 钚的分级

钚分类	反应堆级钚	燃料级钚	武器级钚	超级钚
钚−239丰度（%）	<81	81 ～ 93	≥ 93	>97

3. 核武器品种有多少

核武器品种花样很多。

——按作战使用情况不同，可以分为：

①战略核武器——用来打击敌方的战略要地和保护自己的战略要地，一般爆炸当量较大，发射距离较远。

②战术核武器——在战役中直接使用的核武器，一般爆炸当量较小，发射距离较近。

——按照使用目的和运输工具可分为：

核弹道导弹；核巡航导弹；防空核导弹；反潜核火箭；核深水炸弹；核钻地弹；机载核弹；大炮发射核弹；核地雷，核鱼雷等。

导弹是输运核弹头的最基本工具，射程超过 8 000 千米的导弹称为洲际导弹。可以从陆地发射，车上发射，飞机上发射，也可以从核潜艇上在水下发射。陆基发射导弹和潜艇发射导弹分别示于图 2–19 和图 2–20。导弹可以发射单个核弹头，也可发射多个核弹头。多弹头可以对准多个不同攻击目标，破坏作用更大。

图 2–19　陆基发射导弹

图 2–20　潜艇发射导弹

近年来，媒体陆续披露了一些解密的数字。据报道，美、苏两个核大国搞军备竞赛，冷战时期美国生产了约 3 万个核弹头，苏联生产了约 4 万个核弹头。美国是世界上最早掌握和拥有最多核武器的国家，它已设计了 91 种核弹，包括陆基、洲际弹道导弹、潜艇弹道导弹、战略轰炸机载核弹、海射巡航导弹、核炸弹、核鱼雷等。图 2–21 ～图 2–23 分别展示了核炮弹、核深水炸弹和核鱼雷。

图 2-21　核炮弹

图 2-22　核深水炸弹

图 2-23　核鱼雷

美国现在实行“实战威慑战略”，大力发展实战化核武器，增加军事拨款加强深钻地核武器的研究，主要用来摧毁导弹发射井、地下指挥所、地下掩体、生化武器库等军事目标。图 2-24 展示美国正在试验核钻地弹。

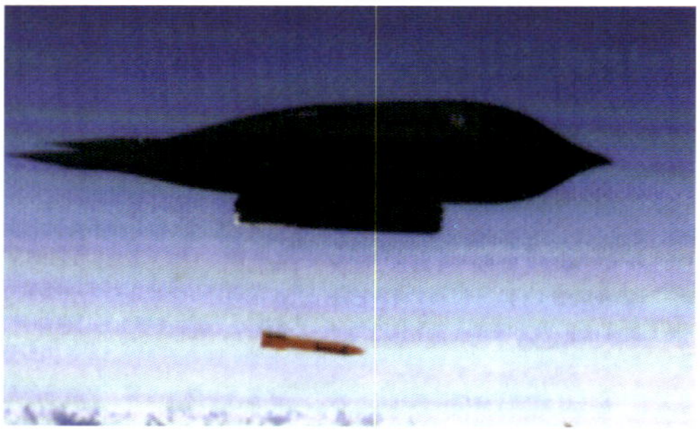
图 2-24　美国正在做核钻地弹试验

4. 核爆炸也可以和平利用吗

炸药用于战争，给人类带来破坏性灾难，但在和平建设中，炸山修路，开矿挖渠，无不采用炸药，发挥着巨大的作用，这是众所周知的事实。原子弹和氢弹也一样，用于战争，带给人类毁灭性灾难，但它也可为和平建设做很多贡献，如：劈山填海，修建运河，修建大型水库、蓄水池、地下贮存库，使石油和天然气增产，埋没有毒工厂的地下排水设施，防止煤矿中气体爆炸物的冒出，再造塌陷火山口，扑灭有毒可燃气体的井喷等。和平利用核爆炸要求保障实施过程中的地震安全和辐射安全，需要进行辐射监测和控制放射性污染。

人们曾经设想过，用核爆炸的能量，开凿一条新的苏伊士运河（未果）。苏联在1965—1988年进行了115次和平利用核爆炸的地下核爆炸试验，所释放的总能量约150万吨梯恩梯（TNT）当量。例如：苏联选择合适梯恩梯当量的核装置，利用其地下核爆炸的能量，挤压喷井周围的地质介质，像卡脖子一样卡死发生井喷的井筒，多次扑灭了高压油气田的井喷。苏联利用核爆炸建成的一个人工湖见图2–25。

图2–25　苏联利用核爆炸建成的一个人工湖

第七章　孕育中的新型核武器

第四代核武器追求更高效，没有或减少放射性污染，可以视作"常规武器"看待，因此可以逃避国际公约的制约。

1. 神速的粒子束武器

粒子束武器是利用高能强流粒子加速器，将注入的电子、质子或离子加速到光速，使其具有极大的动能，并通过磁场将其聚集成密集的高能束流，直接（或去掉电荷后）打向目标，可以在极短时间内将目标摧毁或杀伤。

粒子束武器可分为带电粒子束和中性粒子束武器。粒子束武器发射速度快，接近光速，为常规弹丸速度的20万倍；杀伤本领大；容易按照要求改变方向。

粒子束武器目前尚处于原理研究阶段。

2. 奇妙的同质异能素武器

同质异能素是质量数和原子序数相同，但处于不同核能量态的核素（如$^{178}Hf^{m2}$和^{178}Hf）。处于亚稳态的原子（如$^{178}Hf^{m2}$）退激到基态（^{178}Hf）会释放出巨大能量（见图 2–26）。它所释放出的能量大约是普通炸药的 100 万倍。

科学家们设想利用同质异能素制造同质异能素武器。许多同质异能素是以 γ 衰变形式退激到基态，也就是以电磁波形式释放能量，所以可以制造成功很强的 γ－激光武器，无剩余放射性。同质异能素武器是新型核武器，但现在还只是在理论研究阶段，离实现还较远。

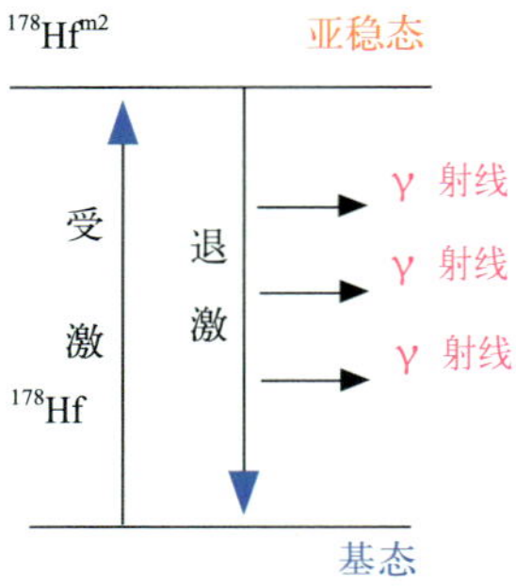

图 2–26　同质异能素跃迁示意图

3. “不可思议”的反物质武器

反物质是由反粒子所组成的物质。大家知道，电子带负电，质子带正电。实际上，还存在着带正电的电子（称为反电子），带负电的质子（称为反质子）。原子是由带负电的电子和带正电的原子核组成的。如果由带负电的原子核和带正电的电子组成的原子就是反原子。有反原子就可以组成反物质。正物质与反物质相遇，会爆炸成光辐射（称为“湮没”），将它们的全部质量转化成能量释放出来，按照爱因斯坦质量能量关系式，可以计算出所释放的能量来。一个正电子与一个负电子湮没转换为 1.02×10^6 电子伏能量的 γ 射线，它比氘氚聚变能大 266 倍，比铀 −235 裂变释放能量大 1 000 倍。所以科学家们设想用它来制造反物质武器。这种武器不仅威力大，还没有临界质量的限制，不产生放射性污染的危害。虽然英国剑桥大学教授保罗·狄拉克在 1928 年就预言了反粒子的存在，1932 年美国科学家卡尔·安德森（图 2–27）发现了第一个反粒子——正电子，至今已发现了许许多多的反粒子，但是，反物质的制备非常困难，

保罗·狄拉克　　卡尔·安德森

图 2–27　最早提出反物质概念和发现反物质粒子科学家

反物质的保存也非常困难。世界上，氢原子的构造最简单，它只有一个质子和一个电子，反氢原子只需要一个反质子和一个反电子，所以人们首先从制造反氢原子做起。瑞士的欧洲核子研究中心在 2002 年 9 月 18 日宣布，已制造出了约 5 万个反氢原子。诚然，要制造较多的反物质并且要成功制出反物质武器还有很远的旅程。

4. 在实验室里进行核试验

看了前面介绍，原子弹、氢弹和中子弹的构造原理都很简单，但是，真要制造出能够实用的核武器，可不是一件容易的事。这是十足的高科技和系统工程,必须有强大的工业基础和经济实力做后盾,要经过无数的计算和实验。

1996 年 9 月，联合国大会通过了《全面禁止核试验条约》，按照条约的规定，核试验不能再做了。但是， 核大国的核武器研究实际并没有停止， 而是转入了实验室模拟研究和计算机模拟研究。为了实现核武器的“实战化”和“小型化”，需要开发新型核武器，需要保证核武库中核武器的安全性、可靠性和有效性。现在，核武器专家们在实验室里进行核试验，这有两大类方法：

一是用超级计算机做核爆过程的三维模拟试验，进行“虚拟核试验”，又称核仿真模拟试验；

二是做次临界试验，采用脉冲反应堆、大型粒子加速器和强脉冲激光器等做试验，研究核爆炸的物理过程和核爆炸效应，这是“干净而又平静”的核试验。

美国从 1997 年以来在地下 290 米深的平硐中已进行了几十次临界试验，以研究开发新型核武器和保证核武库中核武器的安全性和可靠性。

第八章　对待核武器的态度和立场

1. 为维护国家独立，主权和领土完整发展核武器

中国发展核武器是在特定的历史条件下迫不得已作出的决定，中华民族历经磨难，曾多次受到外国的侵略和蹂躏，饱尝战争的灾难。新中国成立后，

仍然受到战争的威胁，包括核武器的威胁，我们要生存、要发展、别无选择。中国研制和发展少量核武器，不是为了威胁别人，完全是出于防御的需要，是为了自卫，为了维护国家的独立、主权和领土完整，保卫人民和平安宁的生活。在今天形势下，我们加强国防，保持有限的核威慑力量，是为了保卫祖国，保卫世界和平。

2. 两弹爆炸成功大长志气、大增国威

中国成功爆炸原子弹和氢弹，是中华民族的骄傲，大长了中华民族的志气，增强了保卫和平的实力。两弹一星的成功为我国赢得了和平建设的时空环境，为我国争得了联合国安理会常任理事国的席位，人们不再忽视中国的地位和作用。

毛泽东主席指出："我们现在已经比过去强，以后还要比现在强，不但要有更多的飞机和大炮，而且还要有原子弹。在今天的世界上，我们要不受人家欺负，就不能没有这个。"

邓小平同志指出，"如果六十年代以来中国没有原子弹、氢弹，没有发射卫星，中国就不能叫有重要影响的大国，就没有现在这样的国际地位，这些东西反映一个民族的能力，也是一个民族、一个国家兴旺发达的标志。" 图 2-28 为国庆 50 周年，战略核导弹通过天安门广场。

图 2-28　国庆 50 周年，战略核导弹通过天安门广场

3. 赞成彻底核裁军和全面禁止核试验

中国是爱好和平的国家，是维护世界和平与稳定的重要力量，中国赞成在朝向彻底核裁军目标前进的过程中实现全面禁止核武器试验。

中国发展核武器是为了打破核讹诈和核威胁，防止核战争。我国在核爆炸成功的那一天，就向全世界宣布："中国在任何时候、任何情况下，都不会首先使用核武器"。我们尽一切努力，促进全面禁止和彻底销毁核武器，最终消灭核武器。

神秘的星空，浩瀚的大洋，吸引着人们去探索大自然的奥秘。传说中的嫦娥奔月，《西游记》中的孙悟空腾云驾雾和大闹龙宫，敦煌莫高窟壁画中的仙女飞天等，均反映着人们对遨游天宫和大洋的向往。实现这些理想，关键是交通工具。什么动力能使航行有最快的速度、最长的航程和最大的载重？为什么核航母成为海上巨无霸？为什么核潜艇成为强大隐蔽杀手？怎么实现飞出地球、飞出太阳系，到宇宙太空去旅行？这是很多人感兴趣的问题，这一篇将给你作介绍。

第一章　海上巨无霸——核航母

1. 海上活动机场——航空母舰

航空母舰（简称航母）是海军舰载机起飞和降落的海上活动机场，它把海、空作战力量密切结合起来。航母既有战略威慑、制海、制空、制信息的作用，又有实施对陆攻击、兵力投射、联合作战等战术攻防作用。在远洋作战中，信息系统、武器系统和航空指挥系统更是依靠航母。

航母出现于第一次世界大战之后，第二次世界大战时航母就已成为海军的主要舰种。几十年来，美国在许多重大事件中，包括侵朝战争、侵越战争、海湾战争、科索沃战争、阿富汗战争和伊拉克战争等，无不使用了航母。

现在世界上美、俄、英、法、意、印、中、巴西和泰国等有现役航母 20 多艘，部分为非核动力航母，部分为核动力航母。美国是世界上拥有航母最多的国家，在编航母有 11 艘，都是核动力航母。俄罗斯现役航母是库兹涅佐夫航母（非核动力航母），俄计划至少建 4 艘核动力航母。

航母的攻击力非常强大，但因其自身的目标庞大，易受攻击，所以航母一般均与其他舰艇组成舰艇编队。图 3–1 展示美国航母编队战斗群。

图 3–1　美国航母编队战斗群

2. 核航母独占鳌头

航母的自重和负载量特别大，所以要求有非常大的动力。常规航母多用燃气轮机作动力，燃气轮机除了耗油量大外，还有排烟等令人头痛的问题。核动力航母利用反应堆核裂变反应释放的热能提供动力。其优点是：

(1) 没有排烟问题，不需要设计进气道和烟囱，也免受烟气的腐蚀及热气流的影响，生存能力强。

(2) 功率大，大型航母可载飞机70～120架。航母的航速可达到30节*，机动性能好。

(3) 核燃料换料周期长，可长期不补给燃料。因为续航力强，减轻了航母对基地的依赖性和对后勤支援的要求。

美国“企业”号航母（图3–2）是世界上第一艘核动力航母，1960年9月24日建成服役。由于核航母具有以上显著优点，美国后建的航母都采用核动力。印度打算把从俄罗斯购买来的常规航母改造成为核动力航母。

图3–2　美国“企业”号航母——世界上第一艘核动力航母

3. 核航母新装竞发

现在大型航母趋向采用核动力，中型航母采用核动力和燃气轮机复合动力，轻型航母则倾向采用燃气轮机作动力。

美国“尼米兹”级CVN–77“布什”号核动力航母（图3–3）是目前世界上最大的航母，满载排水量10.2万吨，舰长333米，宽40.8米，有20层楼高，吃水11.9米，飞行甲板宽76米。编制人员5 936人，其中舰员3 136人，航空人员2 800人。可载飞机72架，直升机6架。以2座压水反应堆为动力，

* 节——每小时1海里的速度称作“1节”。

总功率高达 28 万马力 *，最大航速超过 30 节，续航能力达 80 ~ 100 万海里 **，可控制航母周围 600 ~ 1 000 海里的海域和空域。能够每 20 秒弹射 1 架飞机，30 ~ 45 秒收回 1 架飞机。美国“福特”号 CVN-78 和 CVN-79 已下水，“福特”号 CVN-80 在建设中。

图 3-3　美国“尼米兹”级“布什”号核航母

法国“戴高乐”号核航母（图 3-4）是中型航母的典型，以 2 座热功率为 150 MW 压水反应堆为动力，航速可达 28 节。舰员 1 150 人，航空人员 550 人。舰上搭载“阵风”战斗机 30 ~ 33 架，预警机 3 ~ 4 架，直升机 4 ~ 6 架。具备隐形化的设计和高度数字化、集成化的对空防御能力。

图 3-4　法国“戴高乐”号核航母

* 1 马力 =746 瓦
** 1 海里 =1.852 千米

第二章 强大隐蔽杀手——核潜艇

1. 核潜艇为什么备受青睐

常规动力潜艇水下航行依靠蓄电池供电作动力。因蓄电池容量有限，水下续航能力低，需要经常浮出水面充电，因此，隐蔽性和生存能力受到威胁。

核潜艇是由反应堆核裂变反应发出的热能，通过蒸汽轮机或电动机带动螺旋桨推动潜艇。核潜艇的优点是：

(1) 动力装置不需要供氧，无排烟，可长期在水下连续航行，可 80 ～ 90 天不浮出水面，不易被敌人发现，隐蔽性好，续航能力可达 100 万海里。大大提高了生存能力和攻击能力。

(2) 功率高，航速可达 30 多节。

(3) 堆芯燃料可用 10 年以上，可以长期不换料。

现在服役的核潜艇，一般都用压水反应堆。苏联／俄罗斯大部分核潜艇装有两座压水反应堆，热功率为 185 ～ 370 兆瓦。为了减小动力舱的尺寸和重量，降低噪声，正在发展快堆—汽轮机潜艇和快堆—热电直接转换型潜艇。新型核潜艇具有很高的航速、很大的潜水深度和很小的噪声（高寂静）等特点。

世界上第一艘核潜艇是美国"鹦鹉螺"号核潜艇，1954 年建成。美、苏／俄、英、法等国已建造了 500 多艘核潜艇，但其中不少已进入退役阶段。到 2002 年初，世界上在役的核潜艇有 150 多艘。其中，俄罗斯拥有的核潜艇数量最多。目前世界上能够设计、建造和运行核潜艇的国家仅有美、俄、英、法、中等五个国家。

英国"机敏"级攻击型核潜艇，2009 年 1 月正式服役，水下排水量 7 800 吨，最高航速 29 节，最大潜深 500 米，水下巡航时间达 90 天，服役期 25 年内无需加装燃料，可安装 5 ～ 6 具 533 毫米鱼雷发射管，重要特点是用红外线成像系统取代常规潜望镜，采用了先进降噪声技术，噪音 100 dB，是世界上最安静的潜艇之一。

我国第一艘鱼雷型攻击核潜艇（图 3–5）1974 年 8 月 1 日试航成功。1981 年 4 月，我国第一艘弹道导弹核潜艇（图 3–6）建成下水。现在，我国已锤练出一支训练有素、保障有力的核潜艇部队。

图 3–5　中国鱼雷核潜艇

图 3–6　战略导弹核潜艇

核潜艇有多种分类方法，按其装备的主要武器来分，分为弹道导弹核潜艇、巡航导弹核潜艇、鱼雷核潜艇、多用途核潜艇等；也有分为战略核潜艇和攻击型核潜艇两大类。战略核潜艇装备着弹道导弹；攻击型核潜艇装备着巡航导弹和鱼雷。

2. 弹道导弹核潜艇

弹道导弹可由陆基发射、空中发射和潜基发射。由于潜艇隐身性好，机动性强，攻击力大，所以潜基导弹成为核攻击的中坚力量。目前各核大国都把战略核导弹部署在潜艇上。美国把 1/2，俄罗斯把 1/3，法国把 4/5，英国把全部战略核弹头装备在核潜艇上。美国“俄亥俄”级核潜艇和俄罗斯“北风之神”级核潜艇可在艇上发射十多枚到二十多枚导弹。目前，世界上有近 50 艘弹道导弹核潜艇在服役，还有不少在建设中。

俄罗斯“台风”级弹道导弹核潜艇，艇长 171 米，宽 25 米，水上排水量为 2 万吨，水下排水量为 3 万吨，潜水深度可达 500 米，水下航速可达 25 节，安装有 2 座核反应堆。

法国 “凯旋”级弹道导弹核潜艇能携带 16 枚射程为 8 000 千米以上的 M51 型多弹头导弹和 SM39 飞鱼反导弹， 装备 4 具直径为 533 毫米的鱼雷发射管，具有噪声低、隐蔽性好、作战能力强及自动化程度高等特点。

图 3–7 展示了英国“先锋”级弹道导弹核潜艇，图 3–8 展示了法国“凯旋”级弹道导弹核潜艇。

图 3–7　英国“先锋”级弹道导弹核潜艇

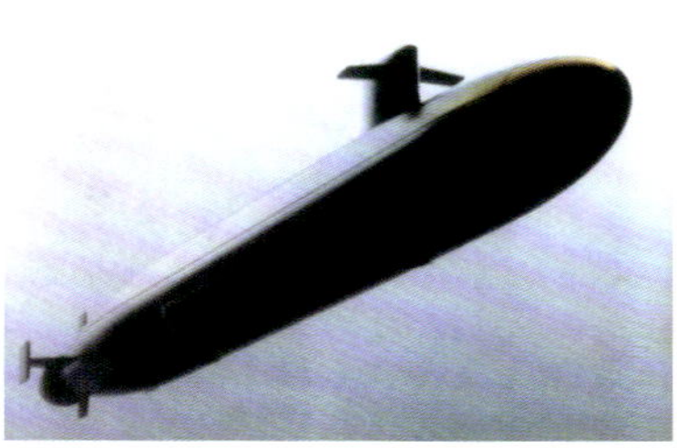

图 3–8　法国“凯旋”级弹道导弹核潜艇

3. 攻击型核潜艇

攻击型核潜艇以巡航导弹和鱼雷为主要武器，用于攻击重要地面目标、潜艇和水面舰艇。

图 3–9 美国“海狼”级攻击型核潜艇

美国海军从 1972 年开始建造“洛杉矶”级攻击型核潜艇，目前尚有这种型号核潜艇 53 艘在服役。美国“海狼”级攻击型核潜艇（图 3–9）装有潜射巡航导弹和超高速鱼雷，潜水深度达 610 米，水下最大航速为 39 节，续航能力达 100 天，被称为航母的“克星”。据报道，到 2015 年美国将拥有 68 艘攻击型核潜艇，重点发展多用途“弗吉尼亚”级攻击型核潜艇，这种潜艇采用 S9G 压水反应堆，安全性好，功率高（20 万千瓦），堆芯燃料可使用 30 年。

苏联从 20 世纪 50 年代中开始发展攻击型核潜艇。俄罗斯的“奥斯卡”级核潜艇（图 3–10）是世界上先进攻击型核潜艇。俄罗斯“猎豹”号攻击型核潜艇 2001 年 12 月 4 日编入北方舰队服役。潜水深度达 600 米，最大航速达 35 节，是世界上速度快、噪声最小的潜艇之一。艇上可配 24 枚射程为 3 000 千米的核巡航导弹。

图 3–10 俄罗斯“奥斯卡－Ⅱ”级巡航导弹核潜艇

法国的“红宝石”级攻击型核潜艇采用“一体化”自然循环反应堆，具有结构紧凑，体积小，重量轻等优点，是世界上最小攻击型核潜艇之一。

4. 核巡洋舰和核驱逐舰——海上战斗主力

巡洋舰装备有导弹、鱼雷、舰炮、直升机和电子对抗指挥设备，是适于远洋作战的多用途大型水面战舰。

第二次世界大战后，巡洋舰成为美、苏/俄两国海军主要的水面舰只。在美国海军中，巡洋舰承担掩护航母编队，担负防空、反潜、对陆攻击和支持两栖作战等任务。在苏/俄海军中，巡洋舰是核心水面舰只，是对抗美国航母和潜艇的主要力量。

图 3-11 美国“长滩”号核动力巡洋舰

巡洋舰分为常规动力巡洋舰和核动力巡洋舰。1959 年，美国“长滩”号核动力巡洋舰建成服役，成为世界上第一艘核动力水面战舰。随后，美国建造了 9 艘“长滩”级核动力巡洋舰（图 3-11）。此外，美国还建了“弗吉尼亚”级核动力导弹巡洋舰。20 世纪 70 年代苏联建造了 4 艘“基洛夫”级核动力巡洋舰（图 3-12），配置各种型号导弹和火炮，具有极强的反舰、防空和反潜作战能力，装备两座反应堆，最大功率可达 110 兆瓦，可以 23 节航速，连续航行 1.5 万海里，成为水面强大舰艇之一。

驱逐舰的动力，目前以燃气轮机为主，但也有核动力驱逐舰，如 1962 年美国建成“班布里奇”号核动力驱逐舰。它的核动力装置可环绕地球航行 16 圈，不需要换燃料。

图 3-12　俄罗斯“基洛夫”号核动力巡洋舰

第三章　核动力商船

1.　核动力破冰船的作用不可低估

北冰洋有厚厚的冰层覆盖，破冰船有重要的实用价值。原子破冰船用核反应堆—汽轮机作动力，代替柴油发动机，具有以下重要优点：

(1) 续航能力强，无需储备大量燃料，不依赖燃料基地，续航地区不受限制；

(2) 功率大，破冰能力强；

(3) 机动性大。

1957 年 12 月，世界上第一艘核动力破冰船——苏联“列宁”号原子破冰船（图 3–13）下水，1960 年正式投入运行。该船在无冰的水中航速为每小时 20 海里，在 2 米厚的冰层中可以每小时 3 海里的速度行

图 3–13　苏联“列宁”号原子破冰船

进。1977 —1978 年，该船连续工作 390 天，破冰 12 万海里。此船现在还在北冰洋上工作。

俄罗斯现在服役的核动力破冰船有 8 艘，计划制造 3 艘新的原子破冰船。俄罗斯原子破冰船长为 150 米，排水量约 24 000 吨，安装有 2 套压水堆—汽轮机组，每套功率约 37 500 匹马力。俄罗斯核动力破冰船开通了从挪威到日本的北海航线。

2. 核动力商船也作了大贡献

核动力船燃料消耗量小，续航能力强，所以普通商船也有用上了核动力。虽然核动力商船的造价比较高，但运行费用低，续航距离长，可长期不换燃料，有其特殊的优点。世界上第一艘核动力商船是美国“萨凡娜”号，1962 年 5 月投入航行。德国在 1968 年建成了核动力矿砂船。日本建造了“陆奥”号核动力科学实验船。图 3−14 示出了巨大的核动力商船。

图 3−14 核动力商船

苏联建造的第一艘核动力商船全长 260 米，宽 32.2 米，可装 1300 个集装箱，总载重量 31 900 吨，航速 20 海里／时，采用 30 兆瓦的反应堆做动力。

第四章 核动力火箭

继 1961 年世界上第一个宇航员苏联的加加林飞上太空之后，美国的航天事业奋起直追，已有 6 批 12 人登上了月球。现在，人们登上火星的日子已指日可待。

把卫星、宇宙飞船和空间探测器等宇航器件送入太空，均需要运载工具。

运载工具可以是火箭，也可以是航天飞机。至今，世界上先后研制生产了20多个系列，100多种型号的运载火箭。但是，能把载人飞船送入太空的运载火箭还不多。我国是世界上除了美国和俄罗斯之外，第三个拥有载人飞船运载火箭的国家。

火箭是由以极高速度从喷气管排出气体而产生强大反作用力作推力的一种飞行器。火箭按能源来分，可分为：化学火箭、电火箭、太阳能火箭、核火箭、光子火箭等。运载火箭是将人造卫星、宇宙飞船和空间探测器等航天器送入飞行轨道的大型多级火箭。进入太空，首先需要摆脱地球引力的束缚，达到第一宇宙速度（7.9千米／秒），才能克服地球引力而环绕地球飞行，不落回地面。达到第二宇宙速度（11.2千米／秒），才可以脱离地球飞向太阳系的其他行星。达到第三宇宙速度（16.7千米／秒）后，以现代航天器来飞行，要2～3万年才能离开太阳系。

1970年4月24日，中国第一颗人造地球卫星“东方红1号”发射成功，成为继苏、美、法、日之后第五个用自制运载火箭成功发射卫星的国家，同时也是美、苏之后第三个掌握卫星返回技术的国家。2003年10月15日，中国宇航员杨利伟乘“神舟”五号飞船上天（图3–15），航天飞行21小时。中国已成为世界上第三航天大国。2007年发射成功“嫦娥一号”，2010年发射成功“嫦娥二号”，2013年发射成功“嫦娥三号”。“嫦娥三号”完成了在月球软着陆，把玉兔号月球车放到了月球上（图3–16）。放射性同位素钚–238作热源和辐射探测仪已在航天飞行中发挥了作用。

图3–15　中国承载“神舟五号”载人宇宙飞船的火箭升空

图3–16　“嫦娥三号”月面着陆器和巡视器

1. 核热火箭

核热火箭是利用核燃料（铀-235或钚-239）裂变时产生的巨大热能，将推进剂（如氢、氦或氮）加热到极高温度（4 000℃以上），以极高速度从火箭尾部喷出，推动火箭高速飞行。它的工作原理与化学火箭发动机类似，只是加热的能源不同。核热火箭发动机的比冲高，寿命长，但技术复杂。图3-17展示了一种核动力火箭概念图。

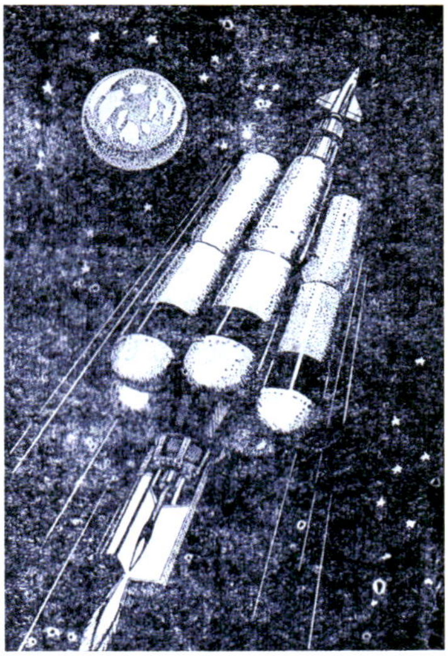

图3-17 核动力火箭概念图

美国在1955年开始执行第一个核热火箭研究计划，产生高温等离子体（温度达70万℃），从喷气口喷出，驱动火箭前进。

国外核推进技术研究指出，采用核热火箭可大大缩短到达月球的时间，即使到达土星也只要花7年时间。

2. 核电火箭

核电火箭是把核裂变或聚变能转换为电能，提供给火箭，使推进剂（如汞或氙）电离，加速成为等离子态推进剂，以高速排出，产生极大的推力。图3-18展示了核电火箭的概念图。

图3-18 核电火箭概念图

3. 光子火箭

人类幻想星际考察和旅行，要实现星际航行关键在于运载工具的速度。要求以光速或接近光速的速度飞行，这无疑需要惊人的能量。以化学能作为动力，最高速度只有 4 000 米 / 秒，以这样的速度作星际旅行，就好像骑着毛驴去周游世界，在宇航员有限的生命期内是绝对不可能到达目的地的。

光子火箭可达到 300 000 000 米 / 秒的光速。光子火箭就是利用正物质和反物质湮没产生光子。设想的光子火箭，最前面是宇航员座舱。中间是正粒子和反粒子贮存库。后面是巨大的凹面镜，当正粒子和反粒子被引到凹面镜的焦点处湮没，产生光子，释放出巨大能量，光子通过凹面镜反射出去，推动火箭前进（图 3–19）。这种光子火箭自身重量不大，但推力十分巨大。

2000 年，美国科学家斯蒂夫 · 哈威设想了一种反物质发动机，用这种反物质发动机，从地球飞往火星只需 6 个星期。

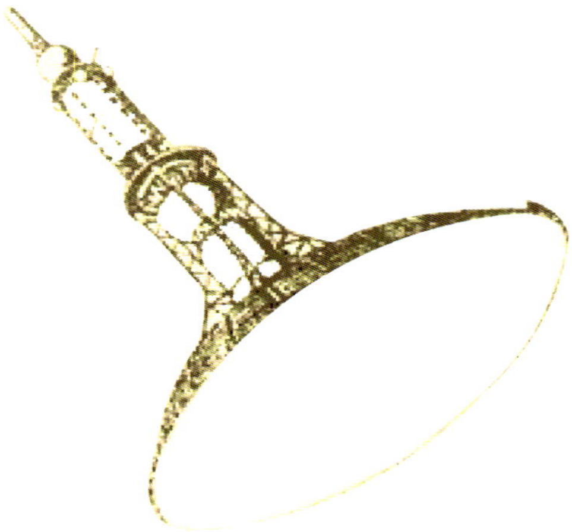

图 3–19　设想的光子火箭

第五章　空间核电源

现在，太空中运行着几千颗各种各样的卫星，其中 70% 是美、俄的军用卫星。卫星的发射和运行都需要能源。

目前航天器的能源主要有三类：太阳能、化学能（原电池、二次电池、燃料电池）及核能。太空中五花八门的地球卫星（如科研卫星、通信卫星、气象卫星、遥感卫星、科学卫星、导航定位卫星、军事卫星等）、载人飞船、空间站及星际探测飞行，都希望有寿命长、稳定可靠的能源。可用的能源很多，但都有其优缺点。蓄电池和燃料电池体积和重量大，使用寿命短，且不能耐受恶劣的环境条件；太阳能电池离不开阳光，需要大面积的电池翼，使体积和重量增大，功率难以做得很大。核电源工作寿命长、性能可靠、可以提供较大的功率。20世纪60年代开始研究适用于卫星、飞船上的核电源。核电源有两类：一是放射性同位素温差电源；二是核反应堆电源。

空间核电源利用核裂变或核衰变能作热源，通过静态转换或动态转换，为空间飞行器和其上安装的多种多样的科学仪器提供电力。这里，放射性同位素提供衰变能热源；反应堆提供裂变能热源。前者功率较小，仅为数瓦到百瓦级；后者功率较大，可达万瓦到兆瓦级。空间核电源的热电转换方式，现在多用静态方式，即热电偶发电或热离子转换发电。

1. 放射性同位素电源

目前，世界上放射性同位素空间电源的开发和利用，美国领先于俄罗斯。

放射性同位素电源，是利用放射性同位素（例如：锶−90，β衰变，半衰期28年；钚−238，α衰变，半衰期88年）衰变过程释放的热能，通过热电偶转换成电能。这种核电源尺寸小、重量轻、性能稳定可靠、使用期可达几十年，比蓄电池和燃料电池组长得多，但功率比较小，几十瓦至上千瓦，很适于通信卫星、侦察卫星、气象卫星、宇宙飞船等使用。

从1961年到2011年，美国已发射了31颗带有54枚放射性同位素温差发电器（RTG）的航天器，目前尚有30多个仍在空间轨道上运行。美国应用的RTG均采用放射性同位素钚−238，输出功率已从最早的2.7瓦提高到300瓦，最高热转换率达到6.7%。

最早用于宇宙飞行器的放射性同位素电源，是美国 1961 年为一颗航海卫星安装的 SNAP-3B 放射性同位素电池装置，直径 12 厘米，高 14 厘米，重 2.1 千克。热源燃料用钚 -238，功率 2.7 瓦，在轨道上运行 15 年。1963 年，美国采用 SNAP-9A 同位素电池提供航海卫星 100% 电力，SNAP-9A 由 6 个钚 -238 热源构成，功率 26.8 瓦。1969 年，美国第一次登月的“阿波罗 11 号”飞船和以后登月的“阿波罗 12，14，15，16，17 号”飞船都安装了 SNAP-27 空间核电源。美国发射的“雨云”号气象卫星、“先驱”号木星探测器、“海盗”号火星探测器，都使用了 SNAP-19 空间核电源。此外，美国的“子午仪”号导航卫星、“林肯”号试验卫星等，也都采用钚 -238 放射性同位素温差发电器作电源。图 3-20 展示的是装有放射性同位素电源的伽利略航天器。

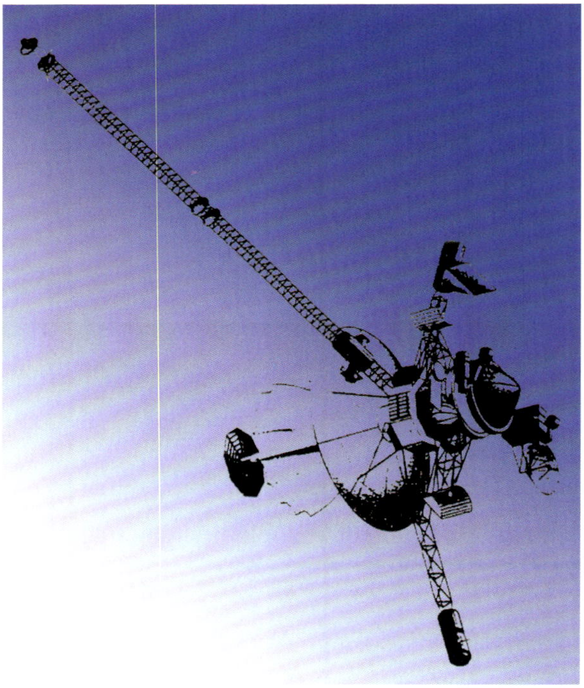

图 3-20　装有放射性同位素电源的伽利略航天器

2. 空间核反应堆电源

世界上空间核反应堆电源的开发和利用，目前俄罗斯领先于美国。

长期载人的大型宇宙飞船、宇宙空间站和大型通信卫星需要功率在几千瓦以上的电源。尤其是军用航天武器以及太空武器，需要较大的动力和电能，要求电源体积小、重量轻、功率大，并能运行几年到几十年时间。微型高功率空间反应堆是最理想的能源。这种反应堆采用高浓铀做燃料， 金属钠－钾做冷却剂，尚未实际应用。目前，所开发的空间反应堆电源只有几十千瓦到几百千瓦。

微型空间反应堆电源有下述优点：①使用寿命长；②抗电磁波干扰、抗宇宙射线作用强，生存能力强；③可实现无人操作。

美国在1965年4月将世界上第一座空间反应堆电源SNAP-10A送上1 300千米高度的轨道，作为空军卫星的辅助动力。美国在20世纪60—80年代曾试制过SNAP-2，SNAP-6，SNAP-50等多种空间反应堆。80年代初，又研制SP-100空间反应堆系统（快中子反应堆装置），到90年代中期因缺乏经费而中止。美国研发的SAFE-400空间反应堆，热功率400千瓦，电功率100千瓦。2002年美国国家航天局宣布了以希腊神话英雄命名的“普罗米修斯”工程，计划制造空间反应堆做动力的飞船，飞行速度可高达8.7万千米/小时，利用这种飞船到达火星只需要60天时间。

苏联从20世纪50年代以来，曾在“宇宙”号系统军用监视卫星上使用过35台空间反应堆，积累了较丰富经验。苏联空间反应堆有两类，一类是采用快中子堆的“罗马希卡”空间反应堆；另一类是采用热中子堆的“托巴茨”空间反应堆。图3–21展示了快中子空间反应堆示意图。

图3–21 快中子空间反应堆示意图

法国于1983年制定“法国空间核动力电源”计划，计划用钠冷快中子堆、高温气冷堆方案。除美、俄、法三国外，德、日、西、韩、印等国家也有兴趣发展空间反应堆。

有一种设想的热离子发射转换堆，裂变产生的热量，可以将钨加热到1 300～2 000℃高温，钨便发出大量电子，通过二极管和外电路形成电流，该装置的功率可达10～1 000千瓦，可用于卫星和宇宙飞船。

第六章　太空飞行

俄罗斯“和平号”空间站 1987 年建成并投入使用，到 1999 年在轨道上工作了 12 年多，绕地球 8 万多圈，行程 35 亿千米。除俄罗斯的航天员外，还接待了其他国家和组织的许多航天员。多个国家参建的“国际空间站”成为人类的一座“太空城”。美国航空航天局启动了一项研究航天飞机的计划，要制造能飞往木星、木卫四和木卫二，并最终成为星际飞行的航天飞机。这种航天飞机，打算采用核潜艇式的反应堆作动力。有报道，美国计划在 21 世纪研制核动力航天飞机，计划可载 1 000 多人，装备各种先进设备和控制通讯系统，可在轨道上运行数年。

1. 到太空去为什么如此诱人

太空飞行神奇无比（见图 3–22）。浩瀚的宇宙太空令人向往，催促着人们去探索。人们想知道，地球之外是否存在人类可以生存的外星球？人类是否可以到那里去发展？外星球上有什么宝藏可以被开发和利用？月球是离我们最近的天体，人们已经登上了月球。人们在探测了火星、木星、金星和土星后，还要花大本钱到太阳系外去探测。探月发现，月球上存在着丰富的矿藏，特别是存在着丰富的氦 –3，这是核聚变的丰富原料，这些发现吸引着更多国家去登月。据科学家考察，火星上有大气，有春夏秋冬之分，在太阳系中火星是一个能移民的天体，但火星比月球更遥远，难度更大，需要高精度和高速度

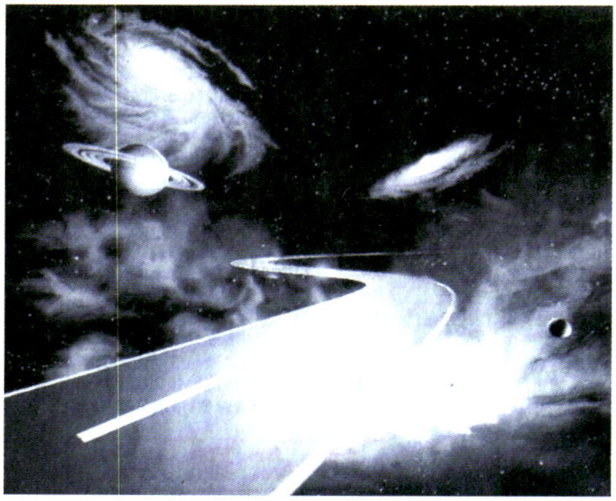

图 3–22　太空飞行景观

的发射，对火箭的控制要求非常高。《国防太空》杂志执行主编打了个比方：探测器进入火星轨道的难度，相当于在日本东京打高尔夫球，要把球准确打进在法国巴黎的一个球洞中，尽管如此，美、俄等国都已瞄准占领火星。我国科学家不畏艰难，知难而进，“嫦娥之父”欧阳自远透露，我国计划2020年登陆火星，2030年实现火星采样返回。

从军事上来说，太空不受地球、国界、气候、地域的影响，谁夺取了制天权，谁就掌握了制信息权、制空权、制海权和陆上作战的主动权。太空争夺已成为海、陆、空之后第四维战场，即海战、陆战、空战之外的天战。控制太空制高点已成为世界大国的战略目标。

有报道，美国斥巨资建太空发射系统，可载143吨，在2030年登陆火星。

2. 太空有多远

太空无边无际，科学家估算，离地球最近的恒星系——半人马座阿尔法星离我们为4.4光年。1光年为$9.460\,5\times10^{15}$米，也就是其距离约42万亿千米。这样遥远的距离，用普通宇宙飞船需要12万年才能抵达。如果要在40年内抵达目的地，则火箭速度要达到1.8万千米/秒，也就是要比现行的速度提高3 000倍。现在设想的原子火箭，可能达到1.8万千米/秒的速度，这只是光速的6%。要达到光速的1/10则需要二级核裂变火箭。有科学家提出用临界质量小的镅-241做裂变燃料，到达半人马座阿尔法星估算需要使用200万吨镅-241。这么多的镅-241，不仅难以得到，就是有了这些核燃料，装在飞行器上，将使飞行器变得十分庞大，而有效载荷变得很少。用核聚变能量推动宇宙飞船与用核裂变能量推动宇宙飞船类似，也需要很多很多的核燃料，只是它不需要那么厚的辐射防护层。所以飞出太阳系困难还大得很哩！

3. 用什么工具到太空去

对于星际飞行，除了上面提到设想的用核裂变、核聚变能量外，有人还设想用激光帆，将高强激光束聚焦在特种材料制成的“帆”上，利用其反作用力使飞行器超高速飞行。还有人设想利用磁漏斗将飞行途中的氢收集起来，作为飞船核聚变反应堆的燃料，使聚变冲击式喷气机做功推动飞船飞行。

对于星际飞行工具，美国科学家哈威提出了反物质发动机航天器（图 3–23），按哈威设计的反物质发动机，从地球飞往火星，将只需 6 个星期。哈威设想的反物质发动机，一是将磁化了的反质子储存在液态氢中；二是让正电子和反质子结合成反氢原子，将反氢原子储存在特殊容器内。用这种反物质湮没所产生的能量推动飞船。

实际上，以上这些星际飞行工具都还只是设想，离实现还相当遥远，但人类星际旅行的梦想，是一定会实现的。图 3–24 展示了美国科学家设想的热核推进星际太空船。

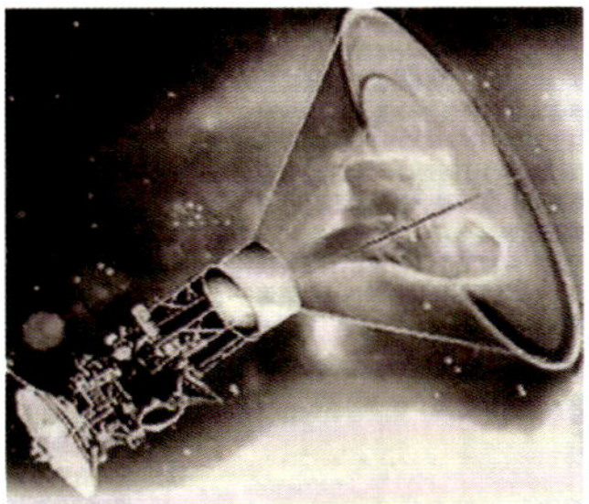

图 3–23　哈威设想的反物质发动机

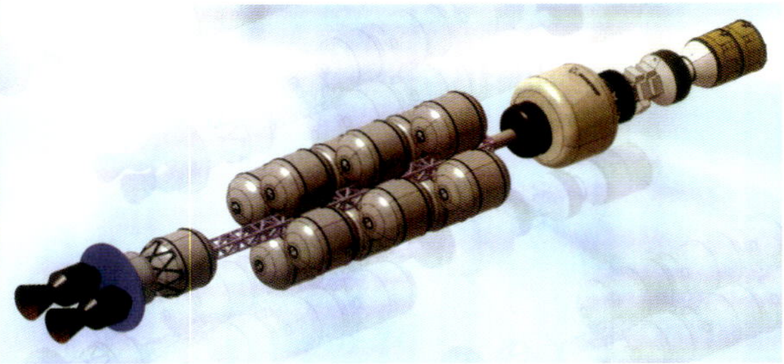

图 3–24　设想的热核推进星际太空船

4. 太空核动力系统确保安全

已经证明，空间核技术对完成太空任务有着明显的优势，甚至有不可替代的作用。有人担心其安全问题，联合国等国际机构要求，在保证安全的条件下，可以在外太空使用核动力系统。1982 年，联合国大会通过了关于外层太空使用核动力源的原则，规定各国在发射核动力源航天器时，应保护人类和生物圈免受辐射危害。因此，不仅在设计、建造和运行方面做了充分的安全考虑，而且有法规标准的保证，不必要杞人忧天。

第四篇
功效奇特的辐射发生器

反应堆是大型辐射发生器。除了反应堆外，还有 X 射线机、加速器、离子注入器、中子发生器、放射源等辐射发生器。辐射的射线或粒子束与物质相互作用的时候，会改变速度和能量，会产生物理、化学与生物效应，会使物质发生电离或激发，还可能会放出次级射线或次级粒子，这些现象就是人们开发利用核技术的基础。

X 射线是大家所熟悉的。X 射线是阴极（如钨丝）在高温下发射出的电子，在真空管中打在阳极金属靶上而发出的射线。X 射线实际上是一种短波长的电磁波。因为它的波长比可见光短，所以它的能量比可见光高，穿透能力比可见光强得多。由于人们需要各种形式、各种能量、各种强度的辐射，现在已研究开发成功了许多种形式的辐射发生器。

高剂量的辐射能杀死细胞，可用来杀菌消毒和治疗癌症；低剂量的辐射能使细胞的遗传基因发生改变，可用来使害虫不育，断子绝孙；可用来使遗传基因发生变异，培育优良品种；可用来使材料改性，制造高性能的材料。人们如何利用辐射的这种奇特的功能，来为人类造福，请你看看这一篇。

第一章　制造射线和粒子束的机器——加速器

加速器是用人工方法使带电粒子在高真空中受电场力作用加速，获得较高能量的装置。高能量的中性粒子束或 X 射线也可由加速器间接获得。加速器小的只有几十厘米长，一个小的集装箱就能装得下，可以用汽车拉着来回跑；

大型加速器大得占地好几平方千米，有一个小城市那么大，被加速的粒子在里面要跑上几百万千米，相当于绕地球几十圈，真是顶尖的高科技产品。

1. “炼金术士”的梦想实现了

古代“炼金术士”企图把普通金属（铁、铜、铅等）转变为黄金、白银这样的贵金属。他们花费了大量的人力、物力和财力，最好的结果是制出了黄铜和白铜。到了 20 世纪 40 年代，古代“炼金术士”的夙愿终于被现代的“炼金术”实现了。1941 年，美国科学家用加速器产生的带电粒子轰击汞原子，利用下面的核反应，真的制造出了几百万个金原子。

$$^{200}\mathrm{Hg} + {}^{1}\mathrm{H} \longrightarrow {}^{197}\mathrm{Au} + {}^{4}\mathrm{He}$$

（汞 - 200 + 质子 ⟶ 金 - 197 + 氦 - 4）

一些国家用类似的方法，制造出了相当数量的黄金。诚然，用这种方法造出的黄金，要比从自然界中开采和提炼出来的黄金贵得多，但是“炼金术士”的梦想实现了。利用加速器，人们还可以制造出比黄金贵千万倍的贵金属和稀有金属。

2. 加速器大家族

加速器于 20 世纪 30 年代问世，最初是为探索原子核奥秘而发展起来的。1930 年，美国物理学家劳伦斯发明了回旋加速器，在这台装置中，质子在一个巨大电磁体中沿圆形轨道运行，在电场作用下获得能量，不断加速。1931 年，美国物理学家范德格拉夫发明了静电高压加速器。现在人们利用光学显微镜、电子显微镜、隧道显微镜，可观察到纳米范围的物体，更小尺度的范围能不能观察？怎么可以观察到？高能加速器使人们实现了这个愿望。高能加速器可以使人们看到 10^{-10} ～ 10^{-18} 米那么微小的粒子。现在，加速器的应用已远远超出了基础研究范围，在国民经济建设和国防建设中，都有着十分广泛的应用。加速器的发展迅速，出现了各种各样的加速器。

按被加速的粒子种类分，有电子、质子和重离子加速器。

按加速粒子的能量分，有低能、中能、高能和超高能加速器。

按加速粒子的轨道形式分，有直线、圆形、环形和复合型加速器。

按加速的原理分，有高压类、感应电场类、射频电场类加速器。

图 4—1 示出了我国第一台质子静电加速器，图 4—2 和图 4—3 为建在中国原子能科学研究院的 HI-13 串列加速器和强流质子回旋加速器。

图 4—1 我国第一台能量为 700keV 的质子静电加速器

图 4—2 HI—13 串列加速器

图 4—3 强流质子回旋加速器

大中型加速器往往采用多种加速器的串接组合。现在，瑞士、美国、俄罗斯都建造了超大型加速器。

电子回旋加速器和直线感应加速器的加速原理，如图 4—4 和图 4—5 所示。

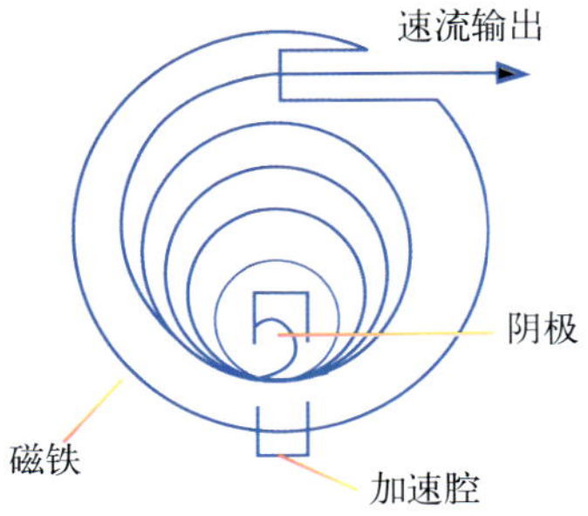

图 4—4　电子回旋加速器原理图

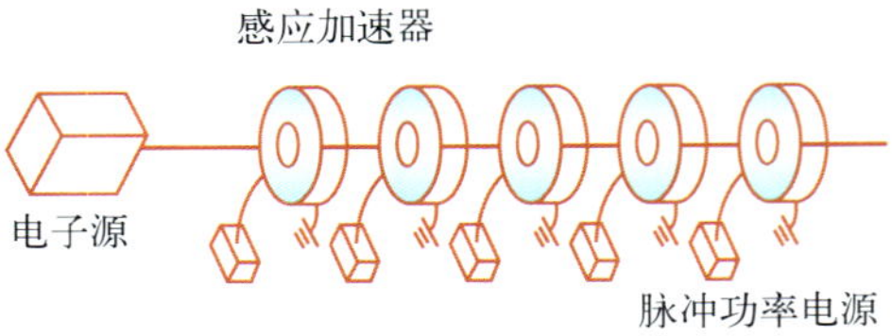

图 4—5　直线感应加速器原理图

中国科学院高能物理所的北京正负电子对撞机、合肥中国科技大学的同步辐射装置、兰州近代物理所的重离子加速器、中国原子能科学研究院的串列加速器和新建的上海同步辐射加速器（上海光源），是我国现在运行着的几座大型加速器。

3. 离子注入机是什么

离子注入机是把中性原子电离后，引出离子束，用电磁场加速和聚焦，形成一定能量和脉冲宽度的带电粒子束，注入到靶室的材料上（如图 4—6 所示），使材料的化学成分或组织结构发生变化，引起电学、磁学、光学、机械性能和化学性能的改变。

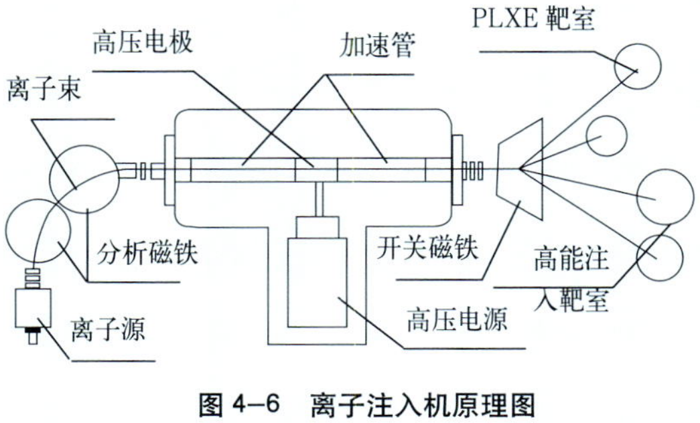

图 4—6　离子注入机原理图

20 世纪 70 年代以来，离子注入已成为微电子线路加工手段之一。20 世纪 80 年代，离子注入技术应用于超大规模集成电路生产。现在，全世界用于集成电路生产的离子注入机已有三千多台，并且还正在迅猛增加。离子注入还可用来培育植物新品种。离子注入机可注入的离子已有好几十种，可根据需要来选择。

4. 加速器用途广泛

80 多年来，加速器迅速发展，不断拓宽应用领域。现在加速器发展主流有两个：

一个发展主流是中、高能加速器，以各种对撞机和同步辐射装置为代表，正向更高能量、更高流强发展，主要为高能物理和科学研究服务。科学家们用加速器发现了超铀元素、中微子、J 粒子、反电子、反质子、反中子等许多新粒子。王淦昌等人在苏联杜布纳联合核子研究所，就是在加速器上发现了反西格马负超子。诺贝尔奖得主西博格和他的同事们最早发现的超铀元素镎和钚，就是在加利福尼亚大学回旋加速器上轰击铀核发现的，后来又用加速器发现了好几个新元素。俄罗斯科学家在杜布纳联合核子研究所加速器上合成了第 113 号和第 115 号新元素。第 115 号新元素就是利用加速器，用加速到十分之一光速的钙离子轰击镅靶产生的。美国科学家和俄罗斯科学家合作发现的第 116 号和第 118 号超重元素也是依赖于加速器技术。由加速器产生的高能电子还能制造自由电子激光。20 世纪 70 年代，自由电子激光曾被美国纳入“星球大战”计划。自由电子激光除军事应用之外，在国民经济中也有许多应用。高能加速器还扩展到同步辐射光源、大功率散裂中子源、新一代核能源等许多方面的应用（见表 4–1）。

另一个发展主流是低能强流加速器，以辐射加速器和医用加速器为代表。人们用它来探伤、消毒、治疗癌症，用它来辐照电缆、硫化橡胶、生产泡沫塑料、固化涂层、离子掺杂、生产复合材料；用它来生产放射性同位素等。小型加速器已形成系列化、商品化，正在向小型化、高效率、自屏蔽和操作简便发展。现在，世界上在用的小型低能加速器已超万台，其中约 65% 是电子加速器。

表 4-1　加速器的应用举例

领　域	应　用　举　例
研究应用	核物理，高能物理，粒子物理，天体物理，自由电子激光，新元素合成，制备反物质，核嬗变，聚变研究，核数据测量等
工农业生产应用	消毒灭菌，探伤，安检，超精细加工，高灵敏度分析，聚合物改性，制造复合新材料，涂料固化，材料改性，培育新品种等
医疗应用	诊断（生产同位素，正电子断层扫描，心血管造影等） 治疗（用 γ 射线，电子，质子，中子，光子，重离子，π 介子等）
环保应用	烟道气脱硫脱氮，污泥处理，废水处理，饮用水消毒杀菌等
国防应用	核爆模拟，闪光照相，电子学器件辐射加固，辐射剂量校准，无损检测导弹炮弹等

加速器揭开了拿破仑死亡之谜。拿破仑是法兰西第一帝国的皇帝，一生东征西讨，名扬四海。滑铁卢之战，拿破仑被俘。拿破仑是怎样死的？众说纷纭，有说是死于中毒，有说是死于受惊得病，又说是死于胃癌。现在根据同步辐射加速器对拿破仑不同时期的头发的微量元素测定，得出结论，拿破仑是死于胃癌。

5. 加速器发展前程似锦

20 世纪 30 年代初，世界上建成第一台加速器——倍压加速器，这台加速器把质子加速到了 7×10^5 电子伏。1932 年，人们用加速的质子轰击锂靶，发生分裂，形成了两个 α 粒子，实现了加速器人工核反应。

现在，加速器已成为研究核物理、粒子物理、高能物理，认识微观世界的强大实验手段。科学家们在用加速器制造高能量、高强度的粒子束，要用它来实现航天飞行；用它来实现高放废物的核嬗变；用它来制备反物质；用它来揭示大爆炸宇宙形成之谜等。

高能物理、重离子物理、天体物理、重离子束物理，推动着中、高能加速器的发展。核技术在国民经济的拓展应用，推动着低能加速器的快速发展。图 4-7 和图 4-8 展示了新发展的回旋加速器和直线加速器。

图 4–7　回旋加速器

图 4–8　直线加速器

第二章　全天候服务的辐射装置

工业辐照装置的应用很多，主要有：灭菌消毒，贮存保鲜，医疗诊治，探伤监检，材料改性，治废灭害，辐射育种等。

钴－60是被应用最多的 γ 射线源，它是由自然界中存在的稳定元素钴－59在反应堆中受中子照射活化而形成的。钴－60的半衰期为5.27年，释放出1.17和1.33百万电子伏两种能量的 γ 射线。现在全世界百万居里级的大型 γ 钴源辐照装置有200多座。

1. 藏在迷宫深井中的钴源装置

工业化应用的辐照钴源装置，所采用的钴－60的放射性一般都比较强，达几十万居里到几百万居里。由于钴－60不停地在发射强 γ 射线，所以人们对它的安全使用十分重视。从设计、建造到运行，都周密地考虑了辐射防护问题。为了防止辐射的危害作用，人们设计了足够厚的屏蔽墙，建造了迷宫式的构筑物和连锁控制，防止藏在水下的辐射源提升起来使用的时候，人员误进入辐照区而受到射线危害。

钴 –60 放射源藏在深水井中，有的就在水中辐照样品（如图 4–9）；有的照射时把钴源提升起来，被辐照样品放在轨道小车上送进照射室，围绕钴源行进时接受照射（图 4–10）。后者受辐照的样品多，操作简便，所以使用得较多。

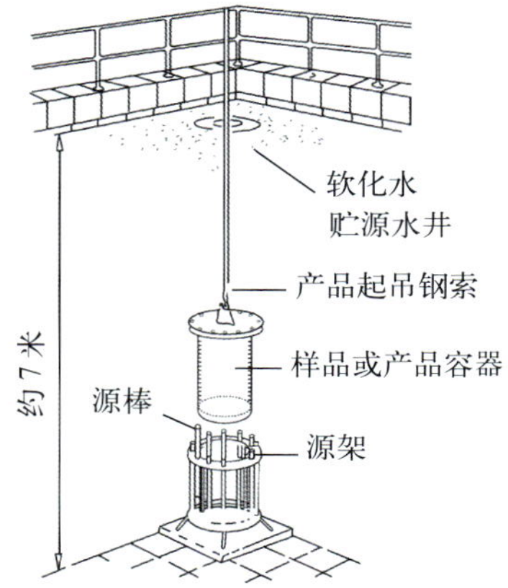

图 4–9　钴源装置

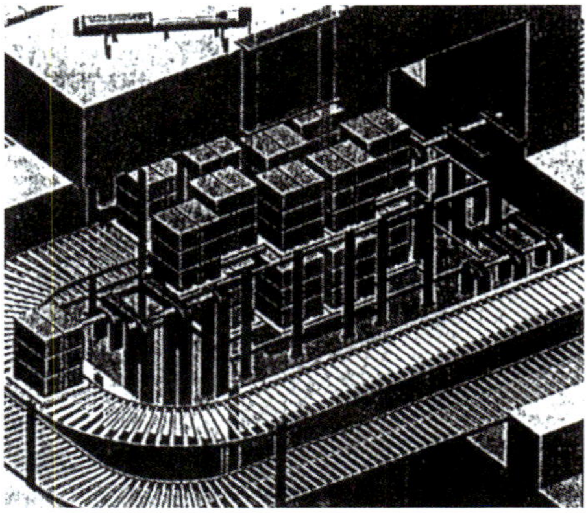

图 4–10　钴源辐照医疗用品

2. 生产中子的装置——中子发生器

反应堆可以说是生产中子的大户，产生的中子注量率大，可以得到快中子、中能中子、热中子等能谱范围很宽的中子。加速器可以按需要进行设计，生产所需要的流强和能量的中子。

中子发生器是用放射性同位素来生产中子的装置。它是利用放射性核素衰变产生的 α 粒子或 γ 粒子轰击靶物，而获得中子的。中子发生器体积小，使用方便，成本低。常用的中子发生器有四种，它们都采用 α 粒子轰击铍靶而产生中子（见表 4–2）。

从表 4–2 可以看出：钋 – 铍中子源，因为钋的半衰期短，有效使用时间短。镭 – 铍中子源，伴生着能量高和强度高的 γ 射线，需要设计好的屏蔽。镅 –

铍中子源和钚－铍中子源优点更多些。

表 4–2 几种中子发生器的比较

中子发生器名称	α 发射体	半衰期	可达到中子源强	生的 γ 放射性
镭－铍	镭 –226	1620 年	10^7（中子／秒）	很高
钋－铍	钋 –210	138 天	10^6（中子／秒）	很低
镅－铍	镅 –241	458 年	10^6（中子／秒）	低
钚－铍	钚 –239	2.44×10^4 年	10^8（中子／秒）	低

此外，锎中子源也属于中子发生器，这是利用锎 –252 自发裂变产生的中子。锎 –252 半衰期为 2.65 年，每次衰变发射 3.7 个中子，中子平均能量为 2.1 百万电子伏。1 微克锎 –252 每秒可发射 2.3×10^6 个中子，是一个理想的中子发生器。但是，锎 –252 要由反应堆生产，要经过复杂的分离手续才能获得，现在世界上锎 –252 的产量还很少，价格非常昂贵。

反应堆，包括核潜艇中的压水反应堆，开始发生自持链式反应，先要给它提供一定数量的中子，称为“点火”。通常，用锎 –252 中子源或钋－铍中子源作为新建反应堆达到初始临界的起动源。用锑－铍中子源作为反应堆换料之后再启动的点火源。

中子源广泛用于工业、农业、医疗、科研和国防等领域。除了反应堆的“点火”作用外，中子照相、中子测井、中子育种、中子测水、中子治癌、中子活化分析等，功用数不胜数。中子衍射已广泛用于高温超导体、催化剂、高分子及生物大分子结构等研究。随着高科技的发展，中子还用来研究天体演化，揭示宇宙大爆炸之谜等尖端课题。

第三章 杀菌消毒、食品保鲜效果好

用射线对汉堡包作杀菌处理，已有 60 多年历史。辐射可对医疗器具消毒；

可杀死隐藏在粮食中的孢子、幼虫和成虫；杀死寄生在食品表面和内部的病源微生物；会抑制生物的新陈代谢和呼吸代谢作用，使瓜果推迟成熟，延长寿命和货架期；可使水产品、禽肉食品防腐烂，延长食用期等，功效无比。

1. γ 射线消毒彻底

为了防止交叉感染，医院里用的针头、纱布、绷带、手套、导管、探针、急救包、手术刀、输液器、血渗析器、疫苗包装制品等，许多东西都需要严格消毒。常用的高温蒸汽消毒、高压锅消毒，耗能多，效率低，消毒也不彻底。环氧乙烷化学消毒发现有公害，有致癌问题，将淘汰不用。

现在，大家经常看到的一次性注射器，护士把塑料袋剪开后，取出注射器进行注射。这种塑料包装的注射器，用起来方便又放心，这就是经过辐照消毒的产品。

现在广泛采用钴源、铯源的 γ 射线进行消毒。把要消毒的物体放在传送带上慢慢移动，钴 -60 或铯 -137 发出的 γ 射线，像机枪扫射一样，打在要消毒的物体上，把真菌、细菌、病毒杀个精光（如图 4-11），这种方法处理量大、效率高、无公害、消毒彻底。

图 4-11　γ 射线消毒

2. 电子杀菌安全

电子加速器产生的高能电子束，杀毒灭菌也非常有效，并且束流可调，使用时开机，不用时关机，就没有射线了，辐射防护问题更简单，得到越来越多的应用。

美国“9 · 11”事件之后，恐怖分子制造了炭疽菌事件。在邮件中传递散布炭疽菌，又一度引起人们的恐慌。2001 年美国邮政部门购买了 8 台电子加速器，用来对送往政府重要机关的信函文件进行杀毒。图 4–12 展示了中国原子能科学研究院研制的加速器辐照邮件灭菌装置。

图 4–12　加速器辐照邮件灭菌装置

在“非典”传播的高峰时期，俄罗斯、印度等国，也用过射线来杀死 SARS 病毒。

流通货币被各种人员接触，不可避免地传染上各种细菌和病毒。据测试，一张纸币上可能有上万至上亿个细菌。什么沙门氏菌、金黄色葡萄菌、大肠杆菌、绿脓杆菌、变形杆菌等，品种繁多。如果将货币装在口袋或箱子里，放在传输带上，用射线来消消毒，无疑是个好办法。

还有档案图书，容易被虫蛀损害，竹木雕刻工艺品容易受虫蛀或霉变，射线杀菌有利于保存。

3. 让粮食不受虫蛀

很多人都有这样的经验，放在家里的粮食，一到夏天就会出小飞蛾，绿豆、赤豆会长虫并被蛀空。

据统计，全世界每年由虫害造成的粮食损耗量，达到总产量的 5% ~ 30%，这是多么惊人的数字！

用加速器辐照处理粮食，可以杀虫，灭卵，不霉变，延长粮食的保存期。

图 4–13　粮食辐照装置

俄罗斯用 1 百万电子伏的加速器辐照谷物，1 小时可照射 150 吨，害虫杀死率达 100%。一种粮食辐照装置如图 4-13 所示。

除粮食以外，调味香料、中草药、中成药、保健食品、方便食品、板栗、红枣、花生米、核桃等干果也容易霉变或长虫，辐照处理可挽回很多经济损失和保护人体的健康。

4. 让土豆、洋葱、大蒜不长芽

土豆、洋葱、大蒜收贮之后，生命活动并未终止，代谢作用仍在进行，过了休眠期，就会发芽、长根。长芽的土豆是有毒的，不能食用。长芽的洋葱、大蒜变空了，也不能食用，每年给农民和家庭带来巨大的经济损失。如果将它们用低的辐照剂量照射，只抑止芽细胞的发育和长根，不会发生核反应，不会产生放射性，也不会被放射性所污染。收获后的土豆经辐照处理后，放在地窖里，贮存到来年夏天拿出来，仍像刚收获时一样新鲜。

辐照还可使香蕉、苹果、芒果、蘑菇等瓜果蔬菜延缓成熟。大家爱吃的哈密瓜用辐照处理，贮藏五个月，好果率近 90%。苹果、梨辐照后，保存 8 个月，香色味基本不变。土豆、大蒜、洋葱辐照后，在常温贮存 200 天不会长芽（见图 4-14）。

受辐照　　未辐照

未辐照　　受辐照

图 4-14　洋葱、土豆辐照前后比较

5. 辐照食品放心吃

辐照食品是指用钴 –60、铯 –137 或电子加速器辐照处理过的食品、食品原料或半成品。食品辐照处理，同高温灭菌、低温冰箱冷冻一样，是一种物理加工保藏的方法。辐射灭菌和常用的高温灭菌的比较见表 4–3。

表 4–3　食品高温灭菌和辐射灭菌比较

处理方法	处理时间	灭菌效果	外观和味道	可食用期	成本
高温灭菌	5 ～ 6 小时	幼虫能生长	变差	缩短	高
辐射灭菌	15 ～ 20 分钟	100% 杀死	不变	几乎不变	低

新捕捞的鱼虾，新屠宰的猪羊肉，清洗之后，装进塑料袋里，抽真空密封，用射线辐照做灭菌处理，吃的时候，打开来烹调加工，依然新鲜可口。

有人担心，辐照食品不安全，这种担心其实是不必要的。不少人做过 X 光透射，受射线照射，人肺和组织不会被活化，人不会被放射性污染。常用的对食品的溴代甲烷化学处理法，因为有残留物和破坏大气臭氧层等弊病，美国、加拿大等不少国家，已决定采用辐照处理，代替溴代甲烷化学处理。

食品辐照不加化学药物，常温下用射线对食品做灭菌保鲜处理。食品辐照采用的辐照剂量，是经过科学计算，通过安全验证的。做过动物试验，还考察过食用后对后代的遗传影响。世界上 24 个国家合作，对辐照食品进行了 10 年的研究，从毒理学、营养学、微生物学等角度研究证明，用小于 10 千戈瑞的剂量辐照的食品，不产生放射性，不产生有毒物质，不破坏营养价值，没有致病作用，对生长、发育和遗传没有不良影响，是卫生安全的。我国在 1996 年颁布了《辐照食品卫生管理办法》，1997 年颁布了《辐照食品类别卫生标准》。所以，批准上市的辐照食品，安全可靠、可以放心食用。现在，世界上已有 42 个国家，批准 200 多种辐照食品上市销售。图 4–15 展示的是辐照保鲜的苹果。

未辐照金帅苹果　　辐照保存金帅苹果

图 4–15　辐照食品保鲜效果好

第四章　诊治疾病有奇效

人体是一个复杂的有机体，由无数细胞所组成，人的一生是同病源作斗争的一生。生活水平提高后，人们对提高生活质量、延缓衰老和健康长寿的需求日益增长。提高疾病早期诊断的准确率，减少误诊率，提高治疗效果，已成为人们的共同愿望。辐射诊断可提供无创伤成像，诊断成像速度快，分辨率高，对比度好，能获得深层次的人体内脏器官信息，所以核医学诊病和治病，受到人们的青睐。

诊断疾病最早常用的是 X 光透视和 X 光拍片，后来出现了钡餐 X 射线造影和 X 射线断层成像（CT）诊断等（图 4–16）。

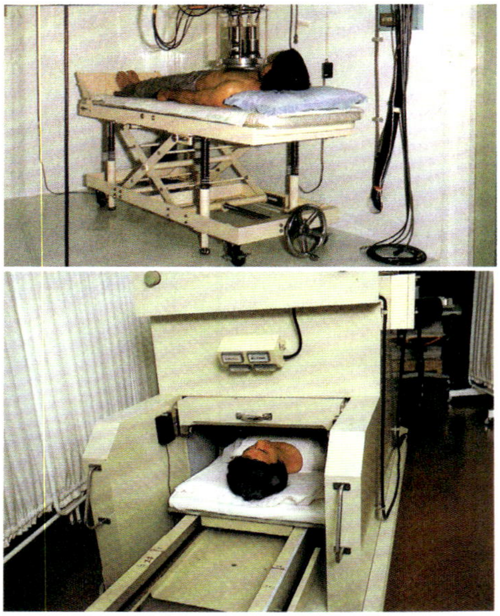

图 4–16　利用射线作医学诊断

1. 远程治疗和近程治疗

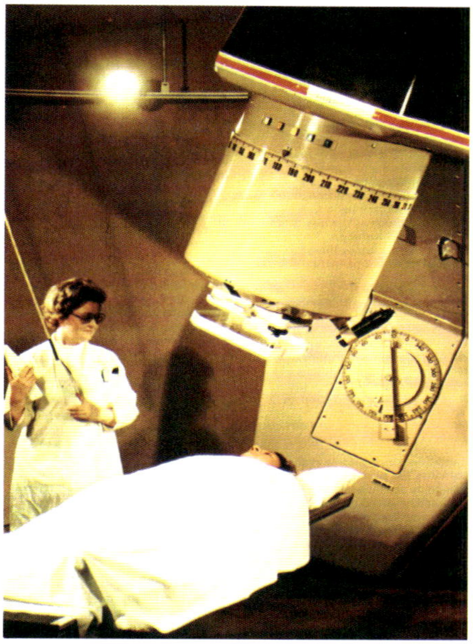

图 4–17　病人在作放射治疗

放射治疗简称放疗，分为远程治疗和近程治疗两大类。

远程治疗是射线装置在距离患者病灶 20 厘米到 1 米远的情况下进行治疗（如图 4–17）。利用钴 –60 治疗机、X 射线治疗机或电子加速器等装置产生的 γ 射线、X 射线或电子束，可有效地杀死癌细胞（表 4–4）。

随着科学技术的发展，发现重粒子束，如质子、中子、α 粒子、氘核、碳核等治癌有更好的疗效。用碳 –14 离子束治疗癌症，已获得很好的临床治疗效果。射线治癌的方法在不断增多，疗效在不断提高。

表 4–4　几种远程放射治疗的比较

辐射类型	治疗装置	治疗肿瘤	优缺点
γ 射线	钴 – 60 治疗机	深部肿瘤	穿透力强，装置简单可靠，焦点大，皮肤受照多
X 射线	X 射线治疗机	浅部肿瘤	能量可调，装置结构简单，能量较低
电子束	电子加速器	深部、浅部肿瘤	照射视野大，能量调节范围大，结构复杂，造价高

近程治疗是接触治疗，把放射源引进人体的脏器或组织内，或敷贴在患者病灶的表面。

放射性物质引入体内，衰变发出的射线能更有效地杀死贴近的癌细胞，而对周围正常组织破坏作用小。如服用碘 –131 药物，浓集在甲状腺部位，对甲状腺机能亢进、甲状腺癌的疗效非常好。锶 –90/ 钇 –90 皮肤敷贴器（见图 4–18）

和前列腺增生治疗仪（见图 4–19），疗效也都很好。一种称之谓“介入疗法”的治疗，把碘 –125 或金 –198、铱 –192、钯 –103 等核素密封在钛金属材料制成的小管中，做成米粒大小的密封放射源，称为“种子源”，把它们布在癌症病灶的内部。这种“种子源”体积小、剂量低、能量弱、半衰期短，能有效杀灭癌细胞。这种方法已成功地用来治疗乳腺癌、肺癌、前列腺癌和肝癌等。

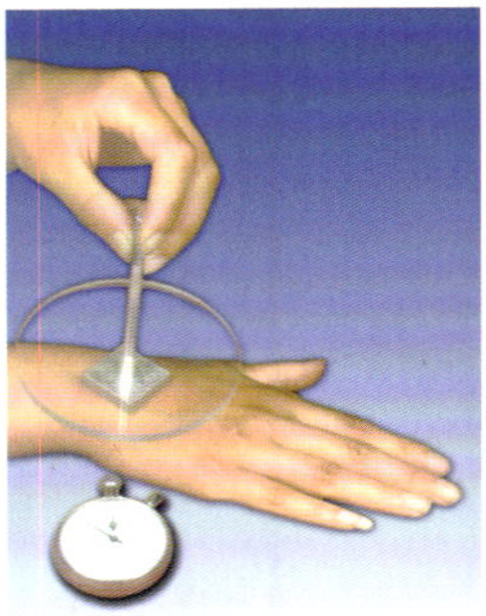

图 4–18　皮肤敷贴器

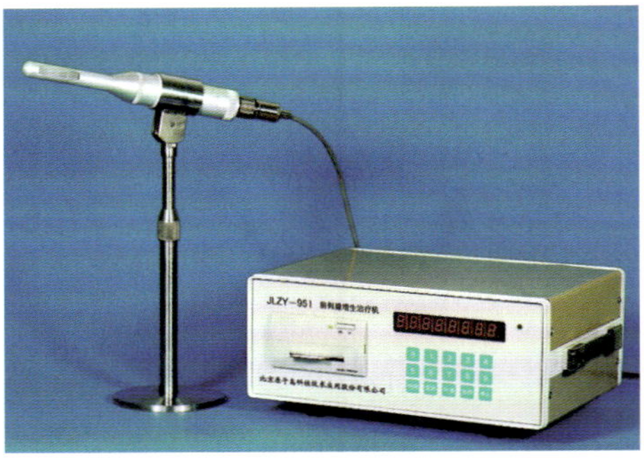

图 4–19　前列腺增生治疗仪

还有，做成放射性支架，可用来治疗冠状动脉血管狭窄等疾病。严重的心脏病人，常需要支架治疗，从颈动脉或股动脉插入导管，把支架通过导管引入血管狭窄的地方，支架把动脉撑开。放入普通支架，部分病人会出现血管的再狭窄。如果引入放射性支架，所产生的射线会抑制血管内壁细胞和内膜细胞的增生，就可有效地治疗冠状动脉血管狭窄和再狭窄。

2. 治癌手段“放疗”不可或缺

癌症，至今仍然是威胁人类生命主要疾病之一。 癌细胞分裂繁殖活跃，但它对射线有敏感性。放射治疗已成为治疗癌症的三大有效手段（手术切除、放射治疗和化学治疗）之一。目前，治疗肿瘤，常常是用三种方法相结合的综合疗法。

癌症的放射治疗，可采用 γ 射线、X 射线或电子束。X 射线治疗机能量可调，装置简单，但能量较低，适用于治疗浅表性肿瘤。电子束治疗，能量可

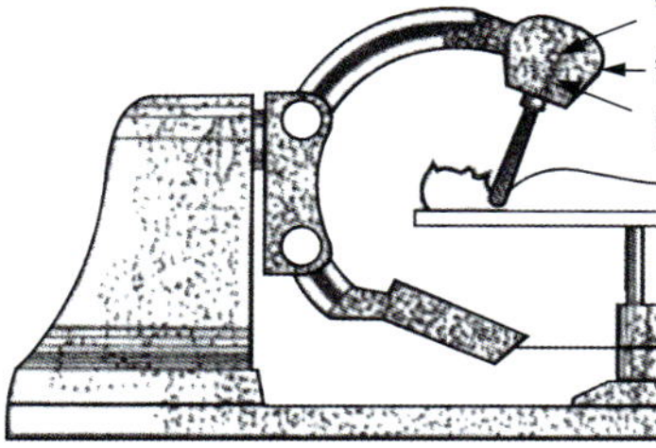

图 4–20 钴 –60 治疗机

调，可用于治疗浅表或深部肿瘤，但装置比较复杂，造价较高。钴–60治疗机(图 4–20)装置比较简单，能量高，适用于治疗深部肿瘤。治疗机用的钴源要求体积小、强度大，要用高比度的钴 –60。钴 –60 治疗机要适应不同人体部位，不同方式的治疗，能有效地保护医务人员和患者。除了钴源外，铯源和铱源也是用得较多的 γ 源。图 4–21 是用铱源治疗机在作治疗。

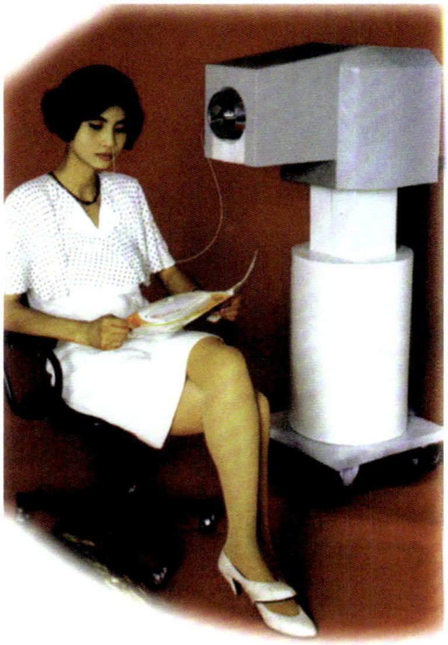
图 4–21 铱源治疗机

铯 –137 半衰期为 30 年，发射 0.66 百万电子伏的 γ 射线和 0.52 百万电子伏的 β 射线。和钴 –60 相比，铯 –137 半衰期长，使用寿命长，但是它制造成本较高。铱 –192 发出 0.61 百万电子伏的 γ 射线和 0.67 百万电子伏的 β 射线，半衰期仅 74 天，使用比钴源、铯源要少些。

放射治疗已用于治疗各种癌症。早期，多用镭照射，现在使用较多的是钴源和铯源的 γ 射线和加速器打出的高能电子束，并逐渐成功开发使用质子、中子和介子。一些新的放射治疗方法还在不断出现，如放射性核束治癌等。脑部肿瘤是难治的疾病，这是由于脑部神经细胞特别多，手术难度非常大。近年开发的硼中子俘获治疗法，对治疗脑神经胶质瘤很有成效。这是先把无毒的硼化合物注射进患者的肿瘤部位，这些硼化合物有浓集在肿瘤处的特性。然后用热中子对病灶进行照射。硼“喜爱吃中子”，吃掉中子，放出 α 射线。α 射线的射程很短，只有 10 微米那么一点点远，所以只能破坏一个细胞，正好有效地杀死癌细胞，而对正常的组织几乎不产生影响。

随着影像学、分子生物学、计算机科学的发展，X射线断层扫描（CT）、正电子发射断层显像（PET）、单光子断层显像（SPECT）和核磁共振（MRS）等先进技术手段的出现，使得放射治疗可实现精确定位、精确计划、精确照射和均匀照射，提高对病灶的照射剂量，而减少对周围正常组织的损伤，缩短疗程，疗效越来越好。

3. 不出血的伽马刀

说起开刀，人们就会想象病人躺在手术台上，在无影灯下，医生在消过毒、画上圈的地方，用刀片切开皮肤。立刻，鲜血涌流出来，护士赶紧递上止血钳和纱布……

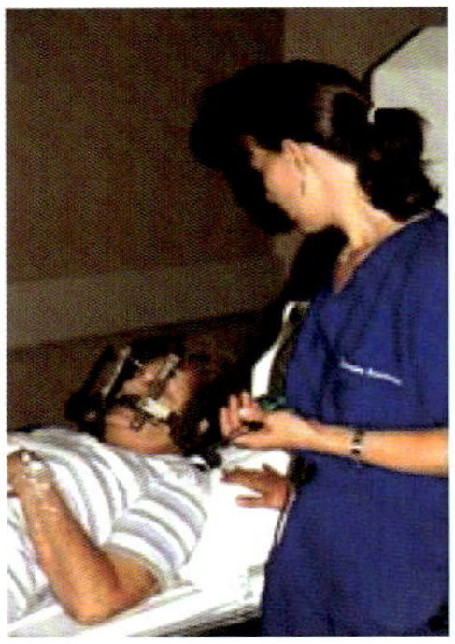

图 4–22 用伽马刀做治疗

伽马刀是利用 γ 射线作不切开皮肤、不流血、不缝针的手术。头部手术的伽马刀是将多束 γ 射线，如 201 个钴－60 密封源（总活度约为 222 TBq）固定在半球状的容器表面上，准直器把所发出的 γ 射线全部集中在焦点位置上。治疗时，固定着患者的台床移向射线装置，γ 射线焦点对准戴着盔帽的患者的病灶，手术精度可达到 0.1 毫米。按照设定的时间照射，整个治疗完全由计算机控制。利用 γ 射线的电离辐射生物效应，破坏或抑制病变组织。伽马刀可用来治疗脑部良性或恶性肿瘤、脑血管性病变和功能性脑神经疾病，帕金森病症也可用

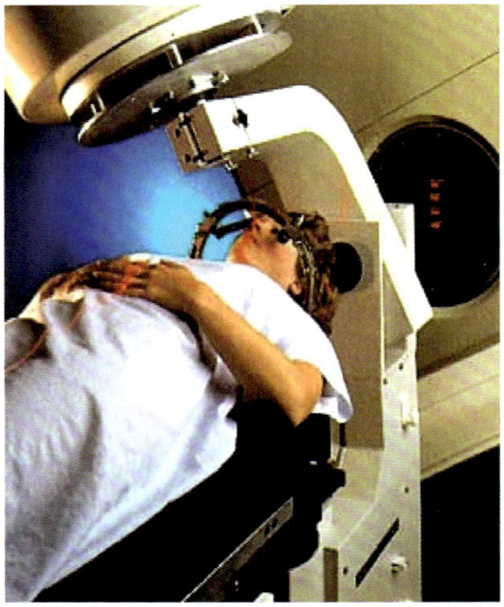

图 4–23 用光子刀做治疗

它来治疗。图 4−22 是用伽马刀给病人做治疗。除伽马刀外，还有类似原理的 X 刀、质子刀和中子刀。X 刀又称光子刀，是用直线加速器和电子回旋加速器从多方向发射聚焦于病灶的 X 射线装置。中子刀则是利用锎 −252 源的治疗装置。图 4−23 是光子刀在给病人做治疗。

第五章　探伤监检赛神探

1. 反恐、反走私显身手

当今，反恐怖、反走私受到世界各国的极大重视，加强对进出口集装箱和货车货物的检查成为重点措施之一。巨大的集装箱，一个一个打开来检查，既费时又费力。用辐照装置检查集装箱，让射线穿透集装箱，把接收到的信号送到计算机中处理，能够在屏幕上把集装箱里装着什么东西显示得一清二楚。这种通过透视成像或断层扫描成像的检查，又快、又准，很省力。集装箱断层成像检查系统的检查非常精确，能把水与汽油（或酒精）、铁与铝、肥皂与黄油、氟塑料与聚乙烯塑料等都区分开来。海关安检已有 X 射线检测装置、钴源流动检测装置、钴源固定检测装置、加速器流动检测装置和加速器固定检测装置等多种手段。图 4−24 是列车在通过安全检查通道，图 4−25 展示了集装箱内货物被清楚地显示在荧光屏上。

图 4−24　列车通过安全检查通道

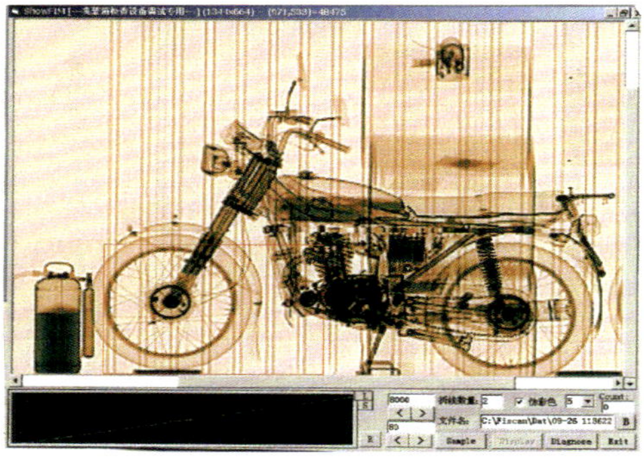

图 4−25　集装箱内装的货物清楚显示在荧光屏上

2. 安检设备布下了安全网

——安检机

现在，机场、码头、车站都设有安检机，规格品种很多，有手提式X射线检测仪，有输送式X射线异物检测机，有工业高清晰X射线异物检测机，做成海关码头X射线安检机、机场安检机、车站安检机等。例如大家熟悉的地铁站安检机，进站前作安检，把携带的包物放在传送带上，被检物输送到X射线照射区，很快计算机的荧光屏上显示出被检包物的图像，如果里面有违禁物品，必定就会显原型，一抓一个准。

——安检门

机场、火车站、重要机关部门和大型会场等设置的安检门，可快速检出携带的武器和刀具类物品，不法之徒休想蒙混过关，溜闯入内。

——人体安检仪

人体安检仪集检测、计算机、控制、精密机械等于一体，可快速、灵敏检查出人体携带的违禁品，如枪支、刀具、毒品和爆炸品等。它的探测效率很高，但对人体的辐照剂量很低。

请放心！合格的安检设备，在正常运行情况下，只会保大家平安，不会对人体和环境造成危害影响。

3. 探伤检漏准又灵

反应堆、航天器、导弹、舰艇、大坝、桥梁等许许多多工程设备，对材料和加工制造的质量要求非常高。一个气孔、一丝裂纹或一点虚焊都可能导致前功尽弃，甚至造成生命危险和巨大的经济损失，这种教训，国际上数不胜数，所以探伤检漏至关重要。探伤有磁粉探伤、涡流探伤、电磁探伤、激光探伤、超声波探伤、辐射探伤等多种方法。

辐射探伤是一种无损检测，就是利用透过的射线或反散射的射线拍出的照片或获得的信息，来确定产品、设备、材料等中存在的缺陷（如图4−26）。X射线、

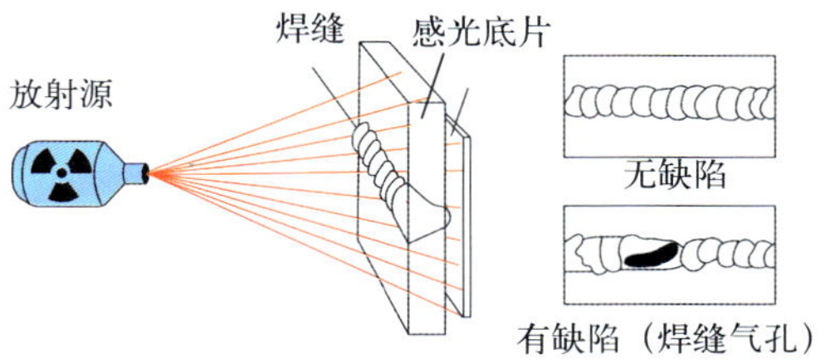

图 4–26　辐射无损探伤原理图

γ 射线、管道爬行器，应用于管道的探伤检测，特别是海岸管线及离岸管线的探伤检测，适应输气、输油管道建设的需要。

现在采用工业 CT 可建立断层图像，受检测物体表面和内部缺陷的大小和位置都能清楚地显示出来，还可实现复杂零件的无图纸测绘及复制。现在已成功研制装在汽车上的电子直线加速器，可方便地开到现场去进行检测。

检漏有氦气检漏、辐射检漏等多种办法。辐射检漏是快速、灵敏的无损检测手段。例如，把氪 −85 放射性气体加到氮气中，通入待检查的封闭系统中。如果有泄漏，氪 −85 就很容易被探测出来。氪 −85 检漏可用于火箭在发射前塔架上的检漏和飞行器在运行轨道上的检漏。氪 −85 还可以对弹壳以及轮船壳体、制氨设备等大型设备进行检漏。地下输气、输油管道常会因腐蚀而穿孔，发生漏气、漏油事故，不仅造成经济损失，还可能引发严重事故。用人工挖土来查找漏洞，是很麻烦的事情。采用放射性碘 −131 来检漏，如果有油或气漏出，碘 −131 被附近土壤所吸附，就容易被仪器探测出来，从而快速地找到漏洞的位置，即使微小的焊接砂眼所造成的泄漏，也能检查出来。

4. 爆炸物探测有新招

据报道，世界上有 1 亿多个地雷，分布在 70 多个国家的地下，如果以目前的方法来进行清查，需要 1 100 多年时间。美国太平洋西北实验室研制了一种新型地雷探测器。里面装着中子源，它释放出的中子和地雷释放出的氢相作用，中子会变成慢中子，因此，探测系统就可以确定地雷的位置（见图 4–27）。

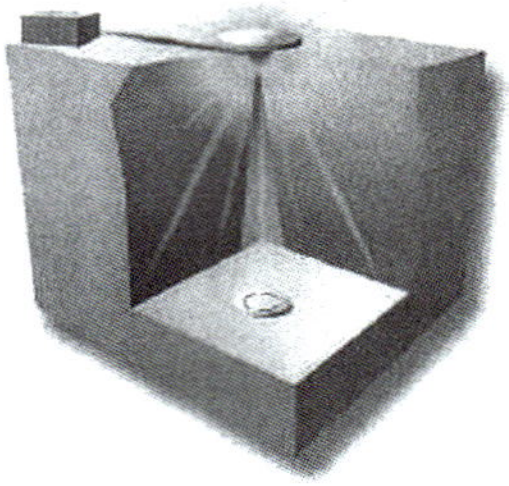

图 4–27　中子地雷探测器在探查地雷

第六章　辐射加工建奇功

人们不仅希望获得耐热、耐溶、耐蚀、耐磨、耐光的好材料，还希望获得许多具有特殊性能的材料，如信息功能材料、能源功能材料、智能材料、生物材料、碳素材料、环保材料、高性能结构材料、功能高分子材料、先进复合材料等。辐射加工利用 γ 射线、电子束或重粒子束和物质相互作用产生的物理效应、化学效应、生物效应对物质和材料进行加工处理，来满足高科技发展的需要，来实现高标准生活的愿望。

1. 辐射改性本领大

电离辐射产生的能量，比化学键能高很多倍。辐射能使物质电离和激发，生成自由基离子、水合电子、溶剂化电子等活性粒子。这些活性粒子具有很强的反应能力，它们会引发许多化学反应，如加成、复合、分解、交联、降解等，可以实现辐射交联、辐射接枝、辐射硫化、辐射裂解、辐射固化等。

辐射交联使直链式的高分子在高能射线的作用下发生交联，变成网状结构。聚乙烯通过辐射交联，提高机械性能、耐热性能和抗老化性能，还产生一些其他新特性。如能够把热收缩性记忆下来，把聚乙烯加热到 135 ℃呈弹性态，施加外力使之变形，然后冷却定型。在使用时，再加热到这个温度，它就会恢复到原来的形状。利用这个“记忆效应”可以用它来制造热缩管（图4–28）和热缩膜。用这种热缩管可制造密封接头，用这种热缩膜可以做保鲜食品袋。装进食品抽真空之后，再加热，食品袋就会强烈收缩，紧贴在食品上。这样，食品就可以隔绝空气，使食品安全保存不变质。人们从超市买来的烧鸡、烤鸭就是这样的包装。将含有泡沫剂的聚乙烯交联，产生发泡，制成包装和建筑常用的发泡塑料。

图 4–28　热缩管

辐射接枝是通过辐照，在高分子结构上引进具有新功能的“支链”。利用此法可制造耐火塑料、防臭塑料、高性能过滤膜等高档品质的材料。

将硼、磷、砷、硅、锑、铟、锗等原子电离成离子，注入半导体材料中，实现离子掺杂，可大大改善半导体器件、发光器件、微波器件、红外器件、超导材料的性能。用来制造大规模、超大规模集成电路、微波超高频半导体、红外探测器、核探测器、固体激光器等。目前，离子束材料改性的最大成就，是在微电子领域的应用，成为集成电路生产的关键技术之一。注入离子束的能量、剂量、纯度和均匀性已能精确控制，正在向着拓宽离子种类、能量和剂量范围发展。

离子束可用来刻蚀材料的表面，这是一种高精度的微加工技术。它与电子刻蚀相比，具有分辨率高和曝光时间短两大优点，离子束刻蚀分辨率可达到 0.01 微米，曝光时间很短，成为芯片加工的重要手段。用离子束刻蚀技术减薄石英晶体，可将石英减薄到 1.6 ～ 16 微米，这种石英薄片可用来制作石英谐振器。

离子束沉积在材料表面，在表面上形成一层薄膜，这是一种新型涂膜技术，使金属、陶瓷、玻璃、聚合物等材料表面改性，使材料表面陶瓷化或金刚石化。涂膜的厚度可达几微米，可形成结合牢固、不易脱落的超硬膜，如超硬陶瓷膜、类金刚石膜等。离子注入金属、合金、聚合物、陶瓷等表面，有利提高抗磨损、抗腐蚀、抗氧化、抗冲击，提高材料的硬度、韧性、耐磨性和电学特性。经离子注入表面处理的高速工具钢、金属切削工具，可延长使用寿命 3 ~ 10 倍，做成的铝型材挤压模具，可延长使用寿命 30 倍，做成的拉丝模、轧辊、切纸刀，使用寿命可提高几倍到几十倍，用它做成的海上飞机发动机的主轴承，抗海水的腐蚀作用好，可延长使用寿命 9 倍。

2. 辐照电缆品质好

电线电缆长期被埋在地下泡在水中，或者暴露在空气中，长年经受着风吹雨淋和日头晒，因而要求它有优良的电气性能和抗老化性能。航天航空、海上采油、通信、核能开发等许多领域需要许多高品质的电线电缆。电子辐照电线电缆，实现了人们的这个愿望。

选用适当的聚合物配方和辐照工艺条件，用高能电子辐照电缆，使电缆的聚合物绝缘层发生辐射交联，不仅其耐温性、抗老化性、抗开裂和阻燃性大为改善，大大延长使用寿命，而且其电学性能也有很大改善。辐照电缆示于图 4–29。

图 4–29 辐照的电缆

3. 辐照产品高性能化和多样化

聚酰胺、聚丙烯、聚苯乙烯等工程塑料，经过高能辐射的加工处理，使其拉伸强度、抗冲击强度、硬度、耐热性、抗蠕变性能、电学性能都有很大提高，达到高性能化。许多地方已用它代替金属制造齿轮、轴承、轴瓦等。一些辐照塑料制品示于图 4–30。

图 4–30 辐照的塑料制品

人们采用这种经过辐射加工获得的高性能塑料，制造卫星器件，制造人工心脏瓣膜、人工关节、人工肌腱、人工角膜、人工晶体等。

木材浸渍甲基丙烯酸甲酯以后，再用钴－60的 γ 射线辐照，制成的木材－丙烯酸甲酯复合材料，具有硬度高、耐磨性好、防火、耐湿、不易收缩开裂等优点，可用来制造价廉物美的高档家具用品。其他如辐照处理过的玻璃纤维－塑料复合材料、碳纤维－塑料复合材料、金属－塑料复合材料、水泥－塑料复合材料均有广阔的应用前景。

4. 辐射固化和硫化功效高

涂料和印刷油墨使用十分广泛，手工喷涂，劳动强度大，效率低，成品质量差，有机溶剂的挥发还影响人体的健康。用电子束辐照涂层表面，在室温下进行，使喷漆和彩印迅速固化，附着力强，色泽亮丽，不易老化，无污染，无公害，成本低，效率高。一些辐照固化产品示于图4－31。

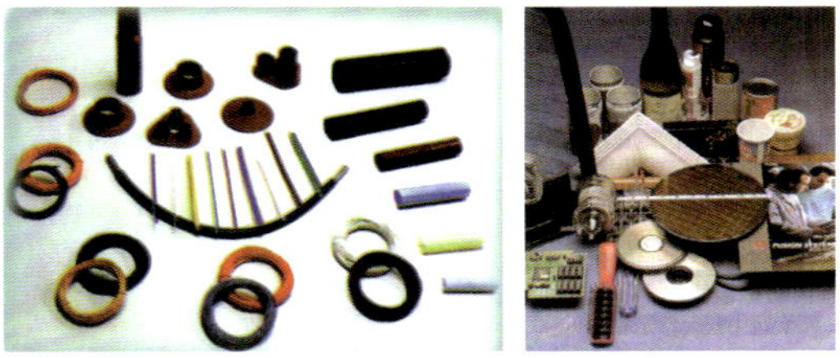

图 4–31 辐照固化产品

乳胶制品应用十分广泛，如防护手套、医用导管、婴儿奶嘴、气球等，种类繁多。

从20世纪20年代以来，多采用加硫方法使乳胶体或弹性体材料交联，称为化学硫化。化学硫化有带来公害和不能用于作特种医学用途和高性能机电产品制造等缺点，因此，人们努力想用其他方法来替代。1948年开始了辐射硫化研究，经过近50年的努力，终于实现了工业化辐射橡胶硫化。采用钴－60辐照或电子加速器辐照，可实现橡胶的常温硫化，获得优良的产品。辐射硫化时间短、能耗少、成本低。辐射硫化的橡胶性能好、用途广、焚烧不会产生二氧化硫而导致形成酸雨。橡胶辐照硫化与乳液配方、敏化剂浓度和辐照剂量等许多因素有关。通过研究，正在不断提高质量、增加产量和新品种。

第七章　治废消害有法宝

随着世界经济的高速发展和人口的增长，废气、废水和固体废物的数量与资源的消耗量也急剧上升。保护环境、保护人类赖以生存的地球和节约资源，已成为世界各国政府和公众共同的愿望和呼声。

1. 废气变得干净了

全世界每年排入大气中的有害气体有好几亿吨，带来了环境污染和酸雨危害。我国火力发电占 78%，大部分烧煤。我国的煤炭含硫量较高，发电厂、冶炼厂等烧煤大户释放了大量二氧化硫和氮氧化物到空气中，造成严重的酸雨和 PM2.5 超标，导致雾霾天气的频繁出现。

烟道废气现在多用化学法处理，运行费用高、效果差。电子加速器辐射治理烟道废气，是新开发的技术，正在向产业化发展。

电子束烟气净化使烟道气中的氮、氧和水分子受电子束照射后，产生大量活性基团（如 · O，· OH，· HO_2 等），与二氧化硫和氮氧化合物作用，生成雾状的硫酸和硝酸，与注入反应器的氨作用，形成硫胺和硝胺的复盐，这正是农家的好肥料。烟道气同时实现了脱硫和脱硝（脱除率可分别达到 90% 和 80% 以上），变成了排放合格的气体，排入到大气中，实现了资源化和无害化。日

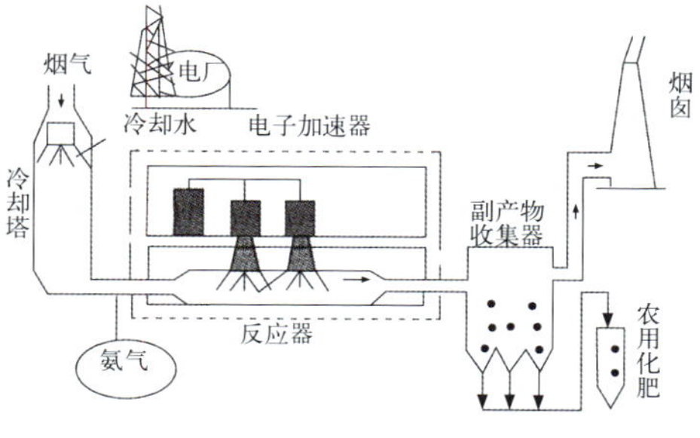

图 4–32　电子束处理烟道气脱硫脱硝
（左）原理图　（右）应用图

本还在研究用电子束照射去除焚烧炉排烟中的二恶英，也取得了较好效果，去除率可达 75%。电子束处理烟气的原理和应用见图 4-32。

2. 废水得到再利用

人们日常的生产、生活活动，产生了许多废水。废水中往往含有许多化学氧化剂和生物氧化剂物质，它们要消耗水中的氧，此外，污水中还可能有细菌和病毒。化工、印染、纺织、农药、造纸、焦化等工业废水含有相当数量氯代有机物、染料、木质素、纤维素、苯酚、氰化物等有毒有害或难降解污染物质，常规处理方法只是将污染物从液相转移到固相或气相，并没有将它们彻底消除。辐射处理可显著降低生物耗氧量（BOD）、化学耗氧量（COD）及总有机碳量（TOC），而且能彻底杀死废水中的细菌、病毒及其他有害微生物，还能够消除污水的臭味。在当前许多地方严重缺水的情况下，处理后的废水可再利用，用来浇花、浇草和浇地，显然，这是值得重视的好办法。图 4-33 展示了电子束处理工业废水的原理和应用图。

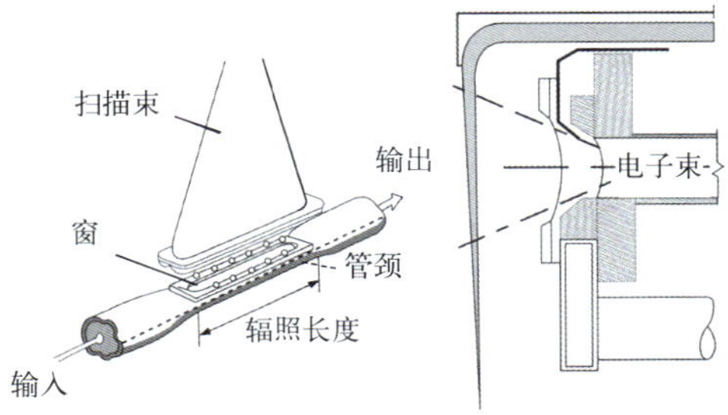

图 4-33　电子束处理工业废水
（左）原理图（右）应用图

辐射也可用来处理饮用水。用辐射处理饮用水，和常规的氯气、次氯酸钠、臭氧、紫外线等消毒法相比较，有方便、简单、效果好、花费少等优点。

3. 污泥也变成宝

污泥普遍出现在下水道中、河床中、废水处理厂的曝气池中。家禽、家畜养殖场也产生大量污泥。这些污泥困扰着环境，也影响着人们身体健康。污泥中含有各种有机物、重金属，还可能有许多细菌和病毒，诸如沙门氏菌、大肠杆菌等。

辐射处理污泥，就是用钴－60或铯－137辐射源或者电子辐照装置产生的射线，去照射污泥。这种处理在常温下进行，不需要燃料，可杀死污泥中的细菌和病毒，可阻止污泥中杂草种子发芽，增加脱水速度。处理过的污泥可作为肥料，也可用来铺路作建筑材料。电子束处理污泥工艺流程见图4－34。

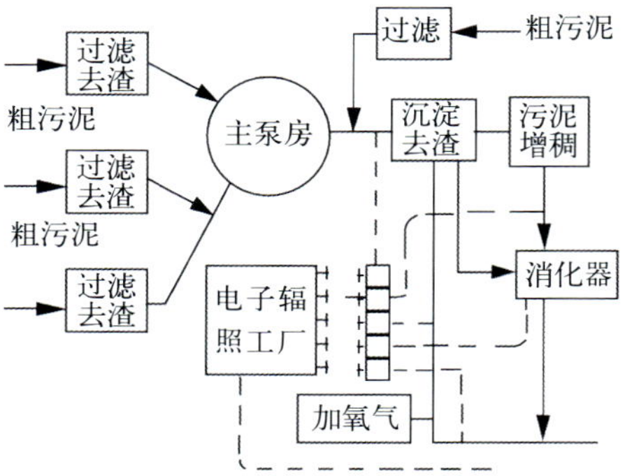

图4－34　电子束处理污泥工艺流程

4. 害虫绝育断了代

世界上每年约有25%～35%的作物遭受虫害。农药杀虫是过去常用的方法。农药杀虫留有残毒，还会产生抗药性，污染环境与破坏生态平衡。现在人们喜欢吃绿色食品，减少杀虫剂的使用已成为人们的强烈呼声。

许多害虫繁殖非常快，破坏性很大。用辐射破坏害虫的遗传基因，变成不孕不育，让它断子绝孙，这是辐射损伤作用的另一妙用。现在许多国家用辐射不育技术来灭杀害虫。

许多年前，在加勒比海一带曾流行过一种可怕的苍蝇，把许多家畜都叮死了。要消灭这么多苍蝇，不能靠喷药的办法。怎么办？人们采用了辐射绝育断代的办法，取得了成功。先培养出许多苍蝇的幼虫，给予80戈瑞的钴－60 γ射线剂量照射。这样的剂量不妨害其成长为苍蝇，但变成了不育化的苍蝇。

把它们放出去之后，这些苍蝇依然到处飞舞，进行交配，可是产出的卵孵化不出幼虫来。这样，终于使这种苍蝇绝了迹。日本用这种方法根绝了瓜实蝇，坦桑尼亚灭绝了须舌蝇，墨西哥扑杀了地中海果蝇。在我国，用此法灭治危害蔬菜的小菜蛾，灭治危害棉花的棉铃虫和灭治危害柑橘的大实蝇等，都收到了非常好的效果。图4−35柑橘上的大实蝇做过辐射绝育，产的卵孵不出幼虫来。

图 4−35　做过辐射绝育的大实蝇

第八章　辐射育种显高招

放射性同位素在农业上应用极其广泛，核技术与农学相结合已发展成一门新学科——核农学。生物的遗传和变异，是生物存在与发展的基本规律。随着科学技术的发展，人们不再等待大自然恩赐新品种，而是用人工办法去创造新品种，这就是“人工引变”。

人们已经认识到遗传是受基因控制的，用射线照射植物，诱发遗传基因突变，培育新品种，称为辐射育种。全世界利用辐射育种培育出的新品种已有2 000多种，播种面积已达几千万公顷。我国用辐射育种已培育出620多个新品种，在育种数量、种植面积和经济效益等方面均排在世界前列。辐射引发有利突变的概率是千分之一，而自然产生突变的概率只有百万分之一。虽然辐射引发突变的概率高一千倍，但目前诱变率尚不理想，随机性大，难控制变异方向和性能。并不是射线一照就能照出一个良种来，人们还不能很好地控制变异的方向，需要在许多变异后代中，进行认真的筛选和培育，才能得到我们所期望的优良新品种。

1. γ 辐射和电子育种立功劳

射线照射到植物种子上，能诱发遗传基因发生突变，培育出抗病、抗虫、耐寒、耐旱、早熟、高产的优良品种。辐射育种需要选择适当的照射剂量和剂量率，需要对试验群体进行分离和稳定变异等，需要做很多很多的试验。

早先，辐射育种多用钴－60 的 γ 射线。后来，引入电子加速器电子束照射育种。“鲁棉 1 号”就是 20 世纪 70 年代山东省棉花研究所用钴－60 的 γ 射线处理棉花杂交后代，经过多年培育成的良种。图 4–36 和图 4–37 展示了辐射诱变培育的奇花和良种。

我国已培育出了“原丰早”水稻、“鲁棉 1 号”棉花、“铁丰 18 号”大豆、“鲁原早 4 号”玉米、“太辐 1 号”小麦等许许多多的优良品种。粮食增产了，棉花丰收了，大豆提高了出油率，甜菜增加了含糖量等。人们还利用辐射技术刺激柞蚕和家蚕，使蚕茧提高了产量，蚕丝提高了质量等，功效卓著，许多成果已获得了国家发明奖。

图 4–36　辐射育种培育的奇花

"浙辐 802"水稻

棉花

小麦

图 4—37　辐射诱变培育的高产良种

2. 重离子育种前景灿烂

由于重离子束与生物物质相互作用，激发性高，剂量集中和控制性好，重离子束的生物效应比 X 射线和 γ 射线大得多。我国采用重离子束诱变育种已经培育成了多个新品种。中国科学院等离子体研究所和安徽芜湖农业实用技术研究所采用离子束诱变技术，经过 7 年 13 季的选育，成功地培育出了 1139-3 水稻新品种，可以早晚两季直播。不需要传统的育秧插秧过程，而直接将稻种播撒在稻田里，不仅大大减轻了农民的劳动负担，而且稻种耐涝、耐虫，亩产达 500 千克，经济效益好。现在，已发展到研究离子束基因工程，例如，人们研究把银杏基因引入西瓜等。

重离子束照射与 γ 射线、电子束激发相比，具有生理损伤轻，诱发突变率高，突变频谱广，处理安全，无污染等优点，所以重离子束育种越来越受到人们的青睐。

3. 航天育种是新招

航天育种又称太空育种或农业空间诱变育种。 这是利用返回式卫星或飞船、高空气球将农作物种子带到离地面 200 ～ 400 千米高度的太空中，利用太空中强宇宙射线、微重力、高真空、强磁场等综合物理因素，使得植物种子遗传基因发生强烈动摇和诱发突变。返回地面后，经过培育，从中筛选出优良品种。航天育种可以加速农作物新品种资源的塑造和突破性优良品种的选育。航天育种可广泛用于各种植物的遗传改良，实现高效益的遗传改进。

我国科学家利用返回式卫星、飞船和高空气球，搭载了60多种植物的500多个品种，经过地面多年选育，已培育出“航育一号”糯稻、“宇番一号”西红柿等许多高产优质新品种，包括水稻、小麦、油菜、大豆、棉花、青椒、莲子、西瓜等。航天育种培育的莲花娇媚迷人，美不胜收。我国的航天育种处于世界先进水平。航天育种方兴未艾，灿烂美景将展现在明天。

第五篇
业绩非凡的放射性同位素

自然界中天然存在的元素有92种，陆续人工合成了20多种，现在已达到118种。

质子数和电子数相同，但是中子数不同的原子，在元素周期表中占同一位置，人们称其为同位素。有些同位素会放出射线，称之为放射性同位素。迄今已发现，元素周期表中一百多种元素有2 800多种同位素，其中稳定同位素只有271种，其他都是放射性同位素。在2 500多种放射性同位素中，只有60多种是天然存在的，其他都是由加速器或反应堆生产的。很多放射性同位素的半衰期很短，没有实用价值，有实用价值的放射性同位素有二三百种。放射性同位素的生产和制备，主要有三种方法：① 利用加速器制备；② 利用反应堆制备；③ 从裂变产物中提取。

放射性同位素的应用，主要基于：

(1) 射线的信息效应，如用于诊断，示踪研究，考古检测等；

(2) 射线与物质作用的效应，如用于核医学治疗、材料改性、辐射灭菌等；

(3) 释放的衰变能，如用做热源、电池和光源等。

放射性同位素应用涉及工业、农业、国防、科研、文教、医疗卫生、环境保护、资源勘探和公众安全等许多领域，有着广阔的用途和巨大的市场，创造着巨大的经济效益、社会效益和环境效益，还在不断地拓宽和发展。如果你有兴趣想知道个究竟，请你仔细读一读这一篇。

第一章　同位素诊治疾病功效高

1. 同位素诊治疾病有奇效

放射性示踪剂已成为医生诊断治疗疾病的重要手段。少量示踪剂进入人体，没有坏作用，能帮助医生掌握病情，找到病因，甚至还能帮助治病。例如，人的血液有点咸味，这是因为血液中有约1%的氯化钠。如果在钠中加入少量的放射性钠–24，注入到人的静脉中，则钠–24随血液流动，跑到哪里就会发出信号。根据钠–24指示的血液流动情况，就可查出血管有无变窄或阻塞等毛病。图5–1的放射性显影照片，可帮助医生诊断肝病。

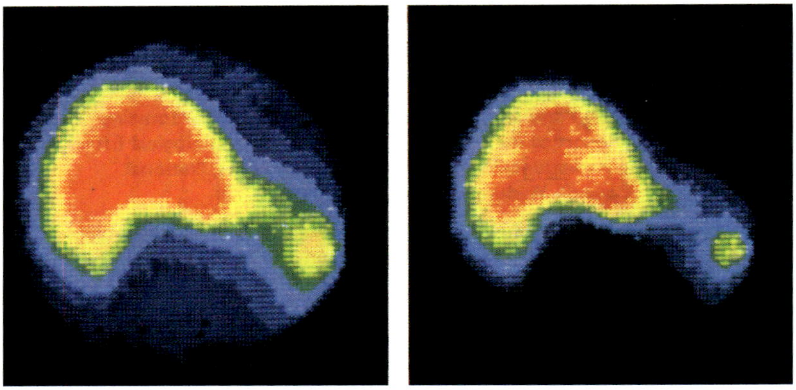

正常肝脏　　患病肝脏

图 5–1　放射性显影诊断肝病

再如，碘选择性地积聚在人的甲状腺中。把放射性碘–131经口服或针剂引入人体，根据碘–131在甲状腺中发出的信号，就可描绘出甲状腺轮廓，诊断甲状腺是否有异常。碘–131发出的射线还可治疗甲状腺机能亢进。锝–99m放射性药物制备简单，可药盒化，质量可靠，已制成很多种药物，可作为心、脑、肝、肺、肾、肠和骨的肿瘤疾病或炎症的诊断显像。

把微量放射性同位素制成生物活性药剂，通过打针或吃药，引入人体，它随着人的新陈代谢、血液流动而移动，因为它放射出射线，因而能追踪它的分布和移动速度，从而可以判断人体的脏器功能是否正常。根据引入体内放射性同位素的类型，可以检查出心脑血管、内分泌、神经，甚至骨骼等组织器官的疾病和病情。按照选用的同位素和成像检测设备，新诊断手段有：

γ 相机，利用药物产生的 γ 射线，用相机把它记录下来，检查器官的状态。γ相机现在使用得已比较广泛，但它受本底的影响较大，得到的不是三维图像，判断程度较低，不能反映组织器官的生理、生化功能。

正电子发射断层成像（PET），采用发射正电子的核素，如碳-11，氮-13，氧-15或氟-18，与人体内的负电子产生湮没效应，探测湮没所产生的γ光子，得到人体内同位素分布的信息。这些核素的半衰期非常短，对人体影响小，可以获得清晰的三维图像，精度非常高，可发现早期病变，可对人体进行生理、生化、病理及解剖学方面的研究和诊断。PET所用的发射正电子的核素半衰期很短，由加速器产生，所以PET要与加速器和制备标记化合物的设备相配套。

单光子发射计算机断层成像（SPECT），采用锝-99m、镓-67、碘-123、氙-133、铟-111、铊-201等半衰期较短，发射单一γ射线的核素，可以获得新陈代谢活动、血液活动、肝功能状态和癌变信息。

利用放射性同位素进入体后快速发送出的信息，作出精确的三维图像，对疾病准确做出早期诊断，减少误诊率，提高治疗效果，所以核医学诊治越来越受到人们的青睐。

2. “母牛”当了医生的“助手”

人们常说起钼-锝母牛，这里说的“母牛”是一种同位素发生器，不是真的牛。这种发生器含有一种半衰期较长的母体核素，它衰变产生的子体核素半衰期较短，提供医院临床应用。同位素发生器构造形式有多种，其中使用最方便的是层析发生器。人们将母体核素钼-99吸附于装在玻璃或塑料柱中的吸附柱上（见图5-2）。当适当的淋洗剂溶液流过时，就可得到它的衰变子体核素锝-99m，供医

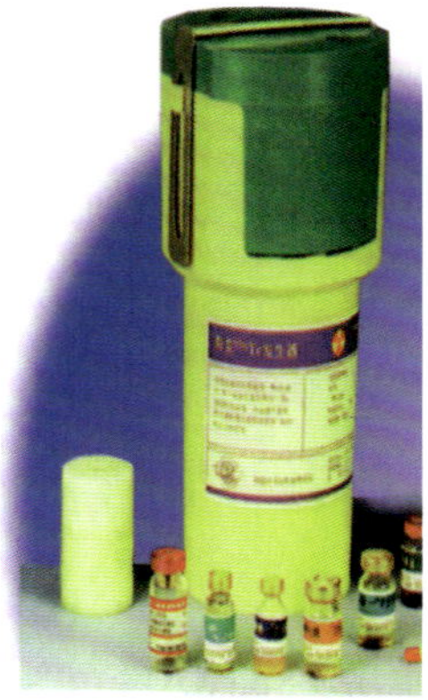

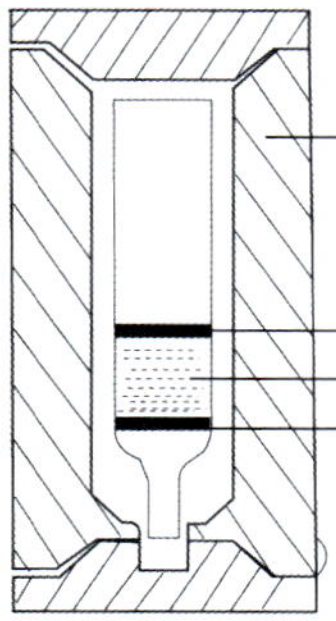

图 5-2　钼-锝发生器

生使用，就好像从“母牛”身上“挤奶”一样的方便。同位素发生器吸附柱安装在防辐射的屏蔽容器中，很安全，操作也非常简便（见图5–3）。

目前临床上应用的发生器有好多种，最常用的是钼–锝（^{99}Mo–$^{99}Tc^m$）母牛和锡–铟（^{113}Sn–$^{113}In^m$）母牛。锝–99m 半衰期6小时，放出能量为0.14兆电子伏γ射线。铟–113m 半衰期1.7小时，放出能量为0.39兆电子伏γ射线。从半衰期和能量来看，钼–锝母牛比锡–铟母牛更合适，所以钼–锝母牛现在用得最多。钼–锝母牛由反应堆生产，用直接照射钼或由裂变产物中提取两种方法来获得。

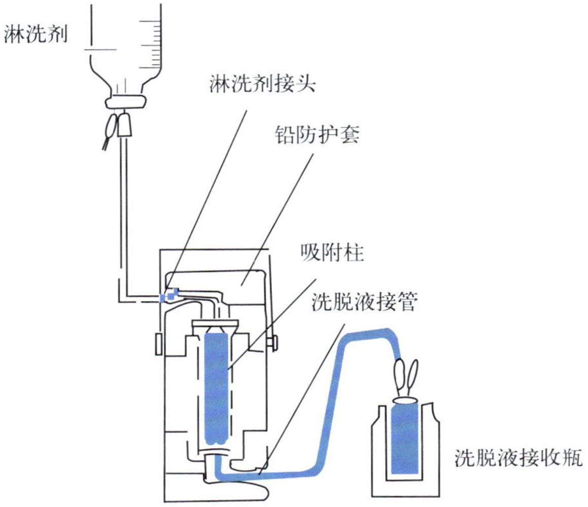

图 5–3 “母牛挤奶”制取锝 – 99m

为了方便医院的使用，人们想出了建立“奶站”的方法，例如从20世纪60年代以来，中国原子能科学研究院同位素研究所在北京、上海、广州、沈阳等好几个城市设立了“奶站”，可及时把短寿命锝–99m送到医院，供临床应用。

钼–锝母牛产生的锝–99m只放出141千电子伏的低能γ射线，半衰期仅6小时，可合成许多种标记化合物。这些标记化合物可用于脏器扫描，显示脏器位置、形状、大小和功能，帮助查出肿瘤或癌变。对肝、脾、骨髓、肺、心肌、肾、脑、骨等病患的诊断非常有效。

钼–锝母牛是目前使用最广泛的放射性同位素装置，随着核医学的发展，对钼–锝母牛发生器，特别是高比活度的钼–锝发生器需求量更大。

第二章　标记化合物功能无限

放射性同位素不断发出射线，它到哪里，人们就可以追踪到哪里，可作为示踪剂使用。示踪剂可以是示踪原子，也可以做成示踪化合物。因为加入示踪剂之后，就像贴上标记一样，所以又称之为标记化合物。人们已经用氚、碳−14、磷−32、硫−35、碘−125、锝−99m等许多核素合成了许许多多标记化合物。

用放射性同位素示踪技术作检测，具有灵敏度高、方法简便、干扰少、准确性好等优点，因此，在工农业生产、医疗、环保、国防和科学研究等许多领域有着十分广泛的应用，并且这种应用还在迅速扩展。

1．示踪剂工业用途多

放射性示踪剂在工业生产中有着广泛的应用。石油埋藏在地下，油层非均质性很严重，油水分布复杂。搞清地下油水分布的情况，对提高采油率有着十分重要的意义。如果用氚或碘−125、硫−35作示踪剂，注入油井中，打一些监测井进行监测，就可知道地下油水的分布情况（见图5−4）。再如，不同公司生产的石油往往共用一条输油管道，要想把哪个公司输送过来的石油分辨得一清二楚，也可找示踪剂来帮忙。例如在甲公司的石油中加入放射性碘做示踪剂，在乙公司的石油中加入放射性硫做示踪剂。当接收站测到放射性碘示踪剂信号时，就知道甲公

图 5−4　应用放射性示踪剂提高原油采收率

司的石油过来了，就会自动打开甲公司的贮油槽。当测到放射性硫示踪剂信号时，就知道是乙公司的石油过来了，就会打开乙公司的贮油槽，保证不会认错货。

2. 示踪剂科学研究应用广

放射性示踪剂在科学研究方面有巨大的功效。例如以放射性磷-32作示踪剂，可用来研究新陈代谢；氚、碳-14、磷-32和氮-15，可用来研究光合作用，可了解肥料怎么被根部吸收，如何输送到茎叶和转变为果实。从而使人们掌握什么庄稼该施什么肥，什么时候施肥好和怎么进行施肥，浇在根部好还是喷洒在叶面好。

用氚标记示踪剂可以帮助水利学家们研究江河中泥沙是怎么淤积的。利用氯-36示踪剂可以帮助人们了解地下水运动走向和渗透率的大小。利用碳-14示踪剂可研究大洋洋流的循环模式和全球气候变暖的原因等。

示踪剂可以帮助研究催化剂的催化机制；了解齿轮、轴承是怎么磨损的；了解化工生产过程中物料是怎么平衡的，等等。

以磷-32、硫-35、碘-125、碳-14或氚作示踪剂，可以帮助医生从分子水平研究神经系统、内分泌系统疾病的机制，进行药物代谢、基因工程等研究。

用磷-32或硫-35标记的核苷酸，可用于DNA（脱氧核糖核酸）和RNA（核糖核酸）分子序的测定。这样的例子很多，真是不胜枚举。

第三章　考古侦破本领大

1. 碳-14测年为耶稣裹尸布揭秘

利用射线考古，20世纪40年代就建立了碳-14测年法。宇宙射线与空气中氮-14作用，产生碳-14。碳-14是放射性核素，放出β射线，半衰期5 760年。

碳－14进入空气里的二氧化碳中，被植物所吸收，经过食物链进入到动物和人体。碳－14以一定速率产生和进行衰变。因此，所有活着的生物体内，碳－14与非放射性碳的比值，同大气中的比值是相同的。但当生物死亡之后，碳－14只有衰变减少但得不到补充。而碳－14按其固有的规律一直在衰变，因此，通过测定碳－14的量，可以推算出古生物的年龄。该方法能对过去数万年时间范围内的物体作出精确的年龄测定。

加速器质谱计的应用，使小样品的碳－14测年成为可能，还可以用铍－10和铝－26测年。近年还发展用氩－40或氩－39测年。

意大利都灵大教堂的圣殿上，在一个有防弹玻璃护罩的精致的银盒子里供奉着一件“神圣之物”，每50年才展示一次，这就是所谓的耶稣裹尸布。这块“裹尸布”经过碳－14测年法测定，证明是公元1200年之后制的赝品，不是真正的耶稣裹尸布。这块被神化了的白色亚麻布被核技术揭穿了老底。

2. 核技术破了光绪皇帝之死百年谜案

清朝光绪皇帝到底是怎么死的？众说纷纭。相传光绪皇帝支持戊戌变法，变法失败后，慈禧太后把光绪软禁在中南海10年。光绪38岁死去多时才被人发现。光绪生前和死后都备受冷落，光绪到底是怎么死的，这是一个令很多人猜测和争议的大谜案。

国家清史编纂委员会联合多方力量研究破解这个谜，中国原子能科学研究院采用中子活化分析技术（核分析方法之一）发现，光绪头发中有高浓度的三氧化二砷（俗称砒霜），这比墓外环境中的砷浓度高得多，而且光绪胃肠部位尸骨中的砷浓度显著高于其他部位尸骨中的砷浓度，这充分证明了光绪皇帝是砷中毒致死的，并且不是慢性砷中毒致死，而是被高剂量的砒霜毒死的。2008年，在光绪死亡100周年之际，国家清史编纂委员会宣布了这个用核技术破解的百年大谜案。

第四章　找水找宝显神通

1. 找水有了好帮手

全国许多城市缺水，世界上许多地方也都缺水。地下有水，但像地下埋着黄金并不到处都有金矿一样，不可能戳一个窟窿，就会冒出水来，要找到丰富的饮用水资源，不是一件容易的事。

γ射线找水是一种好手段，因为地下水会溶出岩石中的天然放射性物质（如铀和镭），地下水运动会使放射性物质分布变得不均匀，在有地下水的裂隙部位放射性物质会相对聚集，造成与周围无地下水通过地区的γ射线本底不同，故能通过灵敏探测器探测出含水构造带，经过水文地质的分析，找到地下水的可能性提高1～2倍，并能够判断地下水量的多少。图5－5展示在用γ射线找水。一般来说，γ射线本底变化带越宽，变化范围越大，水量就越大。射线寻找水，要求探测仪器有足够高的灵敏度和测量精度。

图 5–5　核技术帮助在沙漠中找到了地下水

2. 探矿效果好

射线找矿常用的一种办法是先打井，沿井壁下降放射源，在地面记录、观察探测的结果。

人工放射源发射的中子或γ射线，作用于钻井壁的岩石，激发出次生辐射，进行测量，可以探查出岩层中含有哪种矿物、矿体的位置、矿物含量多少。γ测井常用于煤、石油、天然气和特种金属矿物的探测。这样的放射性探矿法有很多，例如：瞬发裂变中子测井，缓发裂变中子测井，中子－中子测井，中子-γ测井，γ-γ测井，γ射线荧光测井等。

我国在20世纪60年代就利用航空放射性测量技术探测放射性矿藏，在飞机上装着γ谱仪（见图5-6），通过测量地面的天然放射性强度，来寻找铀、钍矿。

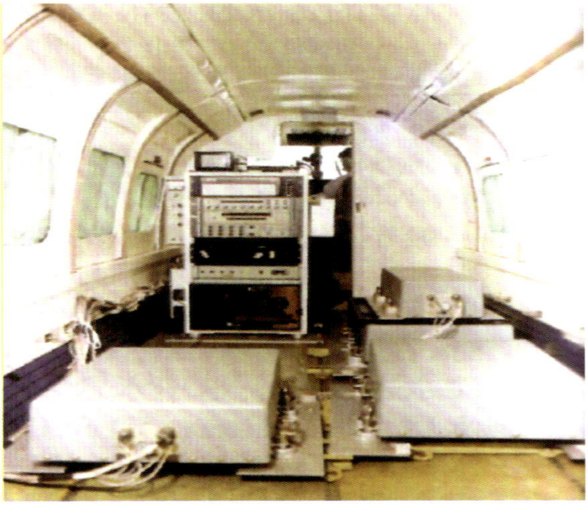

图 5-6　航空γ谱仪地质普查找铀矿

第五章　站岗放哨保平安

1. 遇火灾就报警

火灾是多发性事故，给人类生命财产带来巨大的损失。预防火灾和提前报警，是人们普遍关注的问题。工厂、仓库和楼、堂、馆、所现在普遍安上了火灾探测器。火灾探测器有光电感温型，离子感烟型两大类，其中以离子感烟探测器占多数。

离子感烟探测器采用镅-241放射源。镅-241衰变释放出α粒子，引起电离室中的空气电离，形成一定的电离电流。镅-241半衰期长达458年，由它所产生的电离电流可以认为是恒定的，把它的输出信号调节为零。当有烟雾进入电离室的时候，电离电流发生变化，产生输出信号，引起报警，这就是它的工作原理。现在，火灾报警与自动灭火相连接，并会自动切断空调系统及控制电梯的降落等。

离子感烟探测器所用放射性镅-241的量是非常非常少的，并且牢固地镀覆在贵金属的表面上，不会伤害人体，不会污染环境。但是，如果把许多废探测器的镅源集中起来，想要回收银和金，这就必须注意辐射防护安全。

离子感烟型探测器能探测烟雾，不仅可以用于火灾报警，而且可以做成某些毒气的探测报警装置。

2. 静电和雷击不担心

大家都熟悉摩擦生电，并且你还可能有这样的经历，在你快速脱下化纤衣服的时候，有时会看到小火星和听到“噼里啪啦”的声音，这就是静电打火花。

工厂中，非导体部件迅速运转的时候，会产生静电和积累起强的静电来，形成高压，这不仅给操作带来麻烦，甚至可能引起火灾或爆炸。纺织、印刷、胶片、磁带、造纸、塑料膜生产工厂中，往往存放着大量的易燃物品。在那里，防止静电火花酿成火灾，是十分重要的事。人们常用静电消除器来消灾避难。这就是利用放射性同位素衰变放出的射线，使空气电离成带电离子。这些离子中和物体表面的静电荷，不让静电积累起来，避免发生火灾。图5-7为多种形式的放射性静电消除器。

工业上常采用钋-210或钚-238、氪-85、镅-241等小密封放射性源做成离子鼓风机、离子枪、离子喷嘴等不同形式的静电消除器。这种放射性同位素只使空气电离，消除静电，不会使空气和其他物体带上放射性，不会对工作人员和环境带来危害。

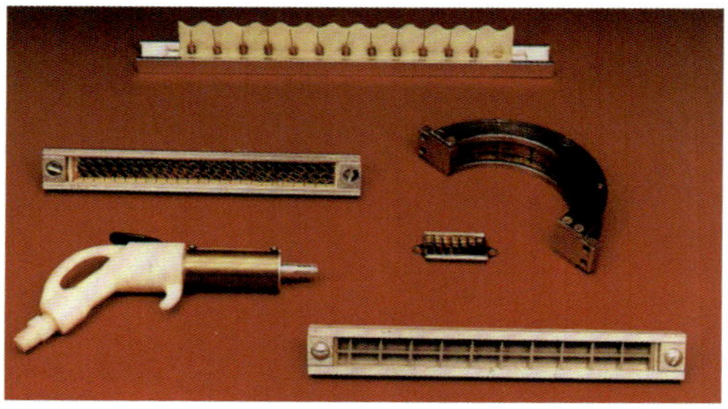

图 5-7　放射性静电消除器

放射源除了可消除静电外，还可以做成避雷器，用镅−241放射源做成的避雷器，镅−241放出的α粒子，有很强的电离能力，能产生大量正负离子。一个α粒子在空气中前进1厘米路上能产生4万对离子，所以它能造成一条通电道路。有效地引导云层中电荷入地，不会使云层中电荷大量积聚、有效地避免雷击之灾。

第六章　原子电池长寿又可靠

放射性同位素原子核衰变释放的热能，可以转换成电能或光能。

原子电池采用的放射性同位素主要有锶−90（半衰期28年）、钚−238（半衰期89.6年）、钋−210（半衰期138.4天），一般功率为几瓦到几千瓦，寿命为几年到几十年。

1. 什么是原子电池

原子电池就是放射性同位素电池，也称核电池。采用的放射性同位素主要有锶−90，钚−238和钋−210。目前用得最多的是锶−90和钚−238两种原子电池。

自从1954年美国首先研制成钋−210原子电池（电功率0.001 8瓦）以来，已研制成各种各样的原子电池。原子电池的工作原理有两种：一是将放射性同位素衰变产生的热能转变成电能，这就是热转换型电池；二是将放射性同位素衰变放出粒子的动能或它的次级效应转变成电能，这就是动态换能型。目前研究最为成熟，并且已经实际应用的是静态热电型电池，又称温差型原子电池。它是利用温度变化产生电位差而发电。热电偶转换装置结构简单，尺寸小，重量轻，性能稳定，但转换效率较低，只有5%～10%，这种电池功率比较小，只有几瓦到几百瓦。

原子电池不需阳光照射，不受电磁干扰，可以在失重、强风暴、极低温等恶劣环境下工作，使用寿命长，因此可用作人造卫星、太空探测器的辅助电源。美国“阿波罗”月面试验站、“雨云号”气象卫星、“先驱号”木星探测器、“海盗号”火星登陆器，都安装了钚-238同位素电池。

据2002年统计，美国在8颗人造卫星、5艘登月飞船，9个探测器等22个航天器上，安装了40台钚-238同位素电池。钚同位素电池重量轻、寿命长、安全可靠。月球上白天温度高达102 ℃，晚上降到-150 ℃，昼夜高温和严寒交替，变化幅度十分大，条件非常恶劣。而且，月亮上的夜晚要比地球上的夜晚长14倍。美国“阿波罗”登月计划中，在月球上设置了5台钚-238同位素电池，为25台仪器供电，使它们长期维持正常工作。图5-8展示了一种高效微型原子电池的结构。

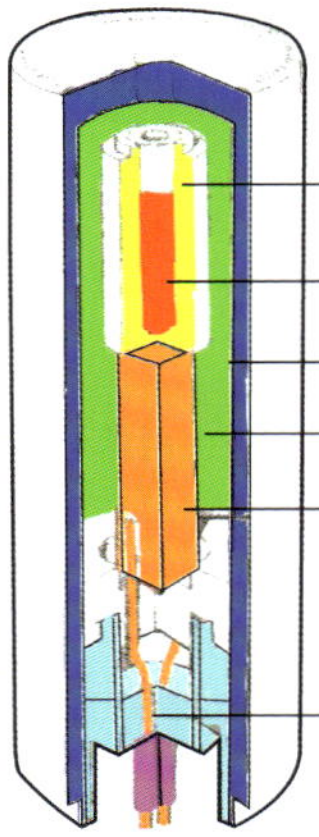

图 5-8　高效微型原子电池

原子电池受航天事业的推动，取得了较大发展，主要表现在：一是功率有了较大提高，现在已出现近千瓦功率的原子电池；二是热电转换效率的提高。美国布什政府于2003年批准的耗资近10亿美元的“普罗米修斯”计划，其主要内容之一就是发展新型高效率同位素电源系统。

2. 长寿电源

在地面上使用的放射性同位素电源，如气象站、灯塔、航标、极地观察站上使用的电源，体积和重量大一些无妨，人们常采用放射性同位素锶-90作电源。

美国在南极曾设置过一个无人气象观察站，使用放射性同位素热电偶型电池，给铅蓄电池充电。这套发电装置总重量达850千克，连续运行8年之久，没有出过故障。图5-9展示放射性同位素电池的长寿电源。

图 5-9　长寿电源

若用镍-63做成原子电池，体积可以小到1立方毫米，可为微电子机械系统供电。这种电池送入人体中，可进行不开刀的手术；装在航天器中，可实行长期遥控指挥；做成窃听器，可非常隐蔽地搜集情报。镍-63的半衰期为93年，发射纯β放射性射线，易防护，可不间断供电50年以上，可作炮弹、导弹存储状态监测电源和长期监测设备的电源。这是一种很有前景的长寿电源。

3. 微型电源

心脏是人生命的发动机。心律不齐或心动过缓的人，不仅不能正常生活和工作，还可能危及生命。医生常给这样的病人装上个心脏起搏器，这样，人就不会感到难受也不用担忧生命安全了。

心脏起搏器可用一种超小型放射性同位素电池作能源，功率不到千分之一瓦，以每分钟60～70次速率给心脏电刺激，使心脏保持正常的跳动。

原子电池心脏起搏器常用钚-238作能源，可使用约10年。苏联前领导人勃列日涅夫在1975年就安装了原子电池心脏起搏器。钚－238曾被认为是心脏起搏器的最佳能源，但因为其辐射问题未见广泛应用。

第七章　夜光灯永放光芒

1. 夜光表

提起夜光表（见图5-10），大家都熟悉，晚上看时间，不用开电灯。夜光表是用射线激发发光物质而发光。早年的夜光表采用的是放射性核素镭，由镭的γ射线激发发光物质而发光。镭的γ射线穿透力很强，不安全。你若把一块老的夜光表放到射线探测器上去测量，准会听到“嘎嘎”的响声，证明有射线穿过表蒙子，作用到了探测器上。

图 5-10　夜光表

现在，夜光表早不用镭了，而用氚发光粉或钷-147发光粉。氚和钷-147都是放出β射线的物质，射程短，能量弱、容易防护，射线穿不过表蒙子。

2. 永久发光粉

硫化锌、硫化钙、硅酸锌等物质，当接受光照或其他形式的能量时，就会被激发，激发态不稳定，回到基态时就将能量以光谱的形式释放出来，这种光跟萤火虫一样，一闪一闪地发出黄绿色光，称为荧光。

如果在荧光物质中，加入放射性同位素（如钷-147），会长久发光不息，人们称它为“永久发光粉”。这是因为钷-147衰变发生的β射线（半衰期2.6年），激发发光物质而发光。把放射性同位素的射线的动能转换成可见光。这种发光物质发光稳定，不受外界的影响，不需要提供能源，在黑暗处永久发光，可用它来制造仪表刻度盘或标志物。可以用在飞机、潜艇、坦克的仪表盘上，枪炮的准星上，矿井、公路和消防器具的标志牌上。图5-11展示的是使用永久发光粉的海港的灯塔。

图 5-11　不灭的灯塔

3. 不灭的灯

原子灯是一种不灭的长明灯，它是利用放射性同位素放出的射线，激发发光物质发光而做成的灯。原子灯一般由β放射性气体、发光物质和灯体所组成。灯体为耐辐照的玻璃灯泡，内壁上涂上发光物质［通常用硫化锌（铜）］，灯泡抽真空后，充入β放射性气体，如果充以氪气，就成为氪灯（见图5-12）；如果充以氚气，就成为氚灯（见图5-13）。

图 5-12　氪灯

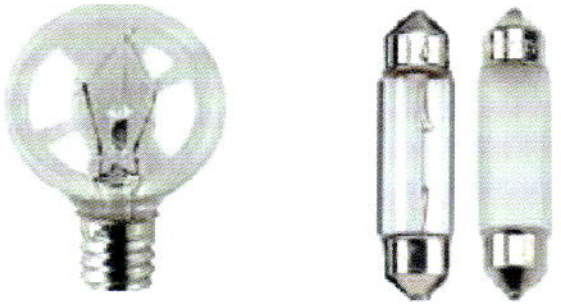

图 5-13　氚灯

灯光的颜色取决于所用的发光物质，如果用硫化锌（铜）就发绿光，如果用硫化镉就发红光。发光的亮度取决于充入的放射性同位素的活度和所涂发光物质的厚度与面积。

原子灯不用外界提供能量而自行发光。可以长期使用，安全性好，不会因为打火花而引起火灾和爆炸事故。常用做海上的灯塔和航道的航标、地下矿井和坑道的照明等。

第八章　核仪表多才多艺

1. 原理类同，构思各异

射线同物质相互作用，会发生吸收、散射或将被测物电离、激发等现象，人们利用这些现象，研制开发了各种各样核检测仪表。可用来测定质量、厚度、密度、料位、水分、灰分、流量、温度、压力、转速等许多重要参数，在工艺过程、自动化生产、质量控制和产品检查等方面，已经得到十分广泛的应用。

核检测仪表基本上都包括：放射源、辐射探测器、信号转换器、显示器四大部分。所用的放射源根据检测对象不同而选用α源、β源、γ源或中子源。它们的工作原理类同，但构思各异。图5-14表示利用反射测表面涂层的厚度，图5-15表示利用透射测物体的密度。

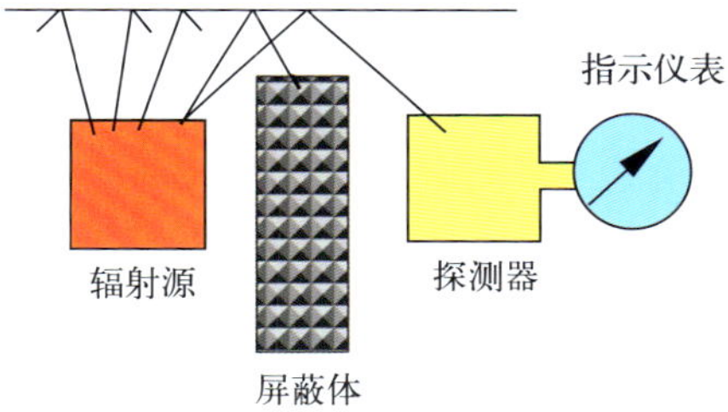

图 5-14　利用反射测表面涂层厚度

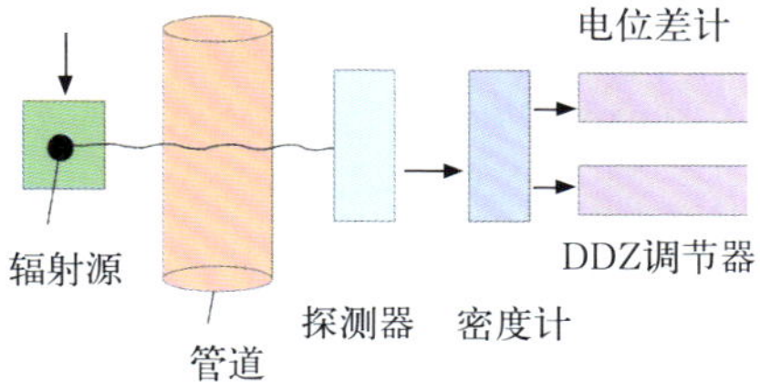

图 5-15　利用透射测密度

核检测仪表所用的放射源，强度比较小，密封性好，有很好的屏蔽措施，所以使用是安全的，测量快速、灵敏、方便，准确度好。

2. 用途广泛，前景无量

核检测仪表具有灵敏、快速、非破坏性、可实现在线测量检测等重要优点，使用十分广泛。例如：核子秤是用来连续测定物料的流速、流量和累计质量的动态仪表。放射性同位素厚度计可对热轧钢板进行厚度测量和控制。图5－16展示了同位素测厚仪。许多新仪表、新用途正在开发中，图5－17是化学武器核鉴别仪。

图 5–16　同位素测厚仪

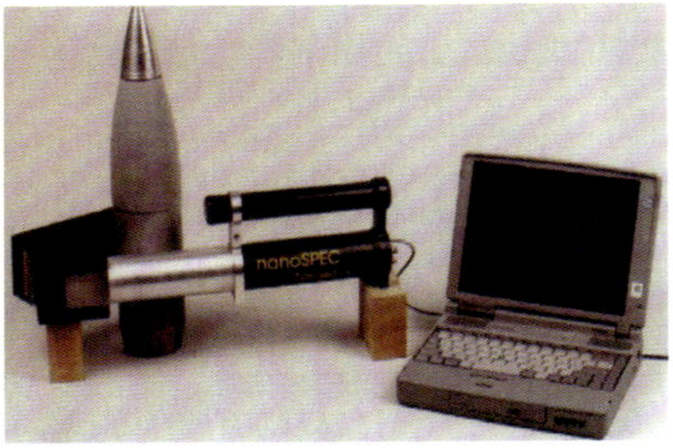

图 5–17　化学武器核鉴别仪

同位素仪器仪表正向着系列化、标准化、智能化方向发展，从进行简单的检测到实现控制和管理全功能的过渡。表5－1仅列出一些常用的例子。图5－18是核子秤示意图，图5－19和图5－20分别是辐射测厚度和辐射测液位的示意图。

表 5–1　核检测仪表举例

核检测仪表名称	使用的放射源	所探测的射线	测定对象
核子秤	铯－137或钴－60	γ射线	物体质量
密度计	铯－137 钆－153 镅－241	γ射线 γ射线 γ射线	金属物体 骨密度
料位计	钴－60或铯－137	γ射线	化工厂槽罐的液位
水分仪	中子源	快中子	土壤、砂中的水分
测厚仪	铯－137 钷－147，氪－85 钚－238 钴－60	γ射线 β射线 特征X射线，γ射线 γ射线	金属板材 纸、塑料膜、胶片 磁带 金属管壁
测灰仪	镅－241	γ射线	煤

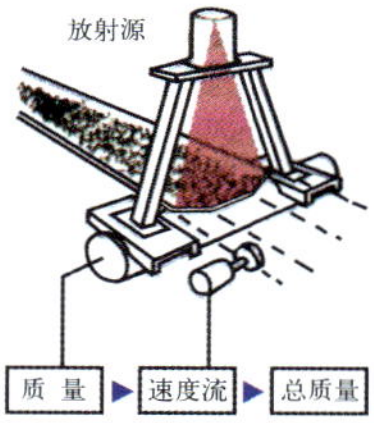

图 5-18　核子秤示意图

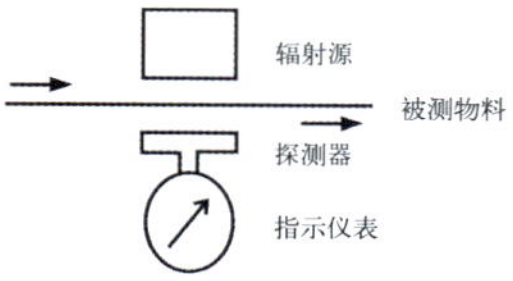

图 5-19　辐射测厚示意图

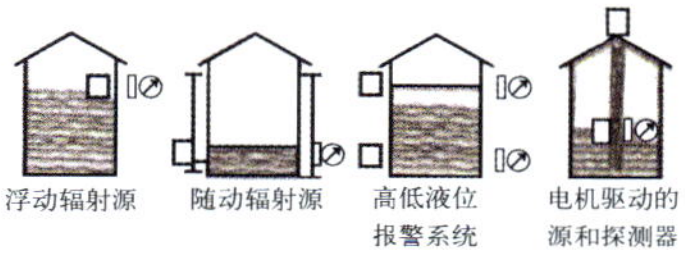

图 5-20　辐射测液位示意图

第九章　核分析方法超级灵敏

分析检测是工农业生产和科学研究的眼睛。随着时代的进步和科学技术的发展，人们对分析的要求越来越高，要求：灵敏度高、快速、准确、用样量少、不破坏样品、可以进行在线测量等。至今，已发展了许多先进分析检测技术，这一章里仅介绍几种核分析技术的例子。

1. 中子活化分析

用中子轰击待测物质，许多原子核具有“吃中子”性质，它吃掉一个中子，变成一种新的放射性核素。例如：磷-31吸收一个中子变成磷-32，产生的新核素要发生衰变，根据所产生的放射性核素的半衰期、射线能量和强度，进行元素的定性和定量分析，这就是常说的中子活化分析。

中子活化分析开创于1936年，分析过程不破坏样品，属于非破坏性分析。目前，中子活化分析可测定近80种元素，分析灵敏度比化学分析、光谱分析高得多，可达到10^{-15}克级，一般化学分析，只能达到10^{-6}克级，中子活化分析还可实现多元素的同时分析。中子活化分析的测量设备见图5–21。

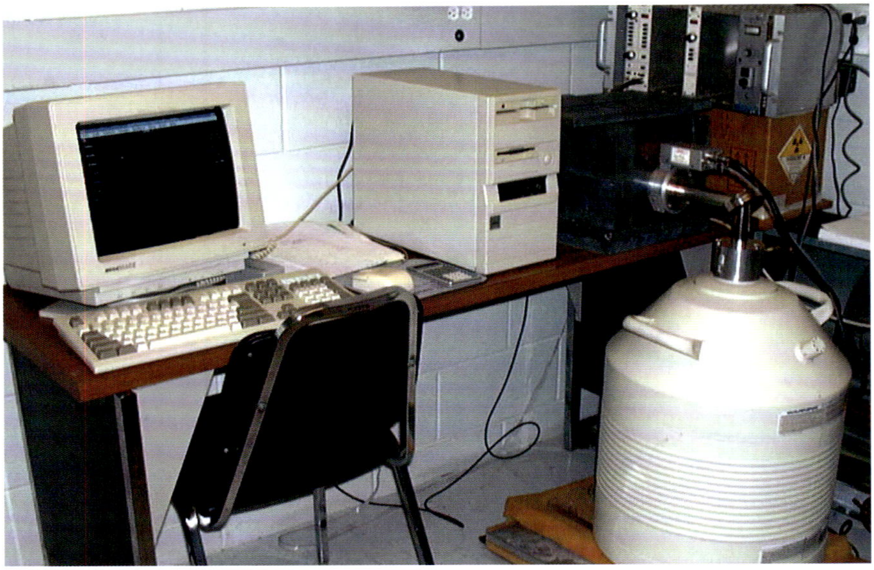

图 5–21　中子活化分析仪器

中子活化分析已广泛应用于地球化学、宇宙学、考古学、医学、法医学、材料科学和环境科学等许多领域。例如：从对几根头发的分析，可查出孩子是否缺锌或老年人是否缺钙。牛顿之死的传统说法是内脏结石症，活化分析得出结果是死于铅、汞、锑的慢性中毒。现在，许多疑难刑事侦破案，就是利用中子活化分析找到了罪犯。例如，日本有人为审定一幅名画的真伪，采用中子活化分析，查出该画中含有较多的银，判定这幅画是照片复制的伪造品。

在侦破活动中，活化分析还可用来查出兴奋剂和麻醉剂。

2. 瞬发中子活化分析

上节介绍的中子活化分析需要借助反应堆，利用“跑兔”* 技术把样品通过导管用压缩空气送到反应堆中去照射。瞬发中子活化分析则是利用中子源或中子发生器作为激发源，照射所要分析的样品。样品中被分析元素的原子

* 跑兔——利用压缩空气的压力，将密封在小管内的样品，通过管道系统送到反应堆的照射孔道中去照射的装置。

和中子碰撞，中子被俘获吸收，形成复核。这种复核处于高度激发态，很不稳定（寿命小于10^{-4}秒），复核很快退激，放出特种γ射线，这种γ射线标志着特定元素，所以对样品放出的γ射线进行检测，就可确定待测元素的类别和数量。瞬发中子活化分析，是一种非破坏性分析，可进行实时和在线测量，用于流线分析。瞬发中子活化分析可做成便携式分析装置，方便地进行油气田、煤层等地质勘探分析。

3. 加速器质谱分析

加速器质谱是基于加速器和探测器的原子同位素质谱法。这是采用粒子加速器，提高离子能量，来实现超高灵敏度分析。测量灵敏度可以达到10^{-18}克级（10^4个原子）。依所用加速器不同，加速器质谱计可分为串列加速器质谱计、回旋加速器质谱计和直线加速器质谱计。加速器质谱计一般由离子源、注入系统、加速器、高能分析系统、粒子探测器、数据获取系统与控制系统所组成。

加速器质谱可用于测量氚、碳−14、铍−10、铝−26、氯−36、硒−79、碘−129、钙−41等核素在样品中的含量，进行考古学、地球科学、环境科学、生命科学与核物理研究。加速器质谱与二次离子质谱相结合，是材料科学与矿物学研究的先进工具。在我国夏商周断代的研究中，用加速器质谱测定碳−14，作出了重要贡献。

4. 放射免疫分析

放射免疫分析是在抗原与抗体的特异性结合反应和放射性示踪测量的高灵敏性基础上建立起来的一种超微量检测技术。放射免疫分析具有特异性强、灵敏度高（可达10^{-15}g/L）、精密度好、方法可靠、实行体外诊断、受检者不必接触射线等优点。放射免疫分析在医学和生物学中有着广泛的应用，如早期诊断甲状腺病、糖尿病、肝病、心血管病、艾滋病（获得性免疫缺陷综合征）、肿瘤等。现在已经生产出许多种放射免疫分析试剂盒（见图5−22），供医院选用。

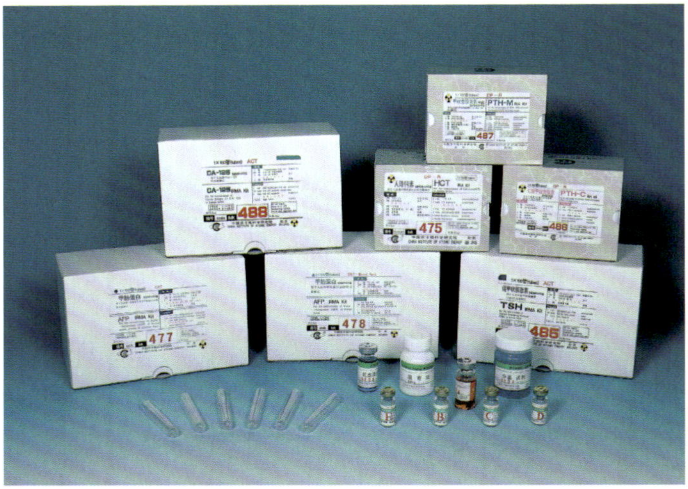

图 5-22 放射免疫分析试剂盒

放射免疫分析现正向非临床应用扩展，如测定吗啡和冰毒，测定饲料中的致癌物黄曲霉素，测定不让猪长膘而对人体极其有害的瘦肉精等。

第六篇
核燃料——核动力之本

大家知道，烧锅炉需要煤，开汽车、开飞机要汽油。拖拉机用柴油就可以，喷汽式飞机则需要用高级航空汽油。不难理解，反应堆和核武器等高科技的设备，需要很高级的燃料。

用于反应堆和核武器的核燃料标准高，提炼和制造技术复杂、难度大，你想了解这里面的许多高技术问题，请你读一读这一篇。

第一章　沙里淘金提铀

1. “分散元素”——铀

世界上 30 多个有核电国家中，产铀的有 19 个国家。不少国家有核电而无铀，或有铀而无核电。中国是既有核电又有铀的国家。

铀矿物具有放射性和荧光性两大特性。此外四价铀矿物和六价铀矿物具有不同特征色泽，四价铀多呈黑色、灰黑色、深褐色或暗绿色；六价铀矿物颜色十分鲜艳。图 6–1 展示了几种铀矿石。

图 6–1　几种铀矿石

铀在地壳中平均含量为2.5×10^{-6}，总埋藏量虽然比金、银、汞、钨、钼、锑、铋等还要多，但是，铀在地下的埋藏十分分散，被称做“分散元素”。并且，铀的化学性质很活泼，喜欢和其他元素合道，形成复合矿，已发现的铀矿物约有近200种，铀矿的特点是品位低、矿体分散、规模小，找到高品位的铀矿相当不容易，品位高于万分之五就有开采价值。

寻找铀矿的办法很多，除了摸清地质规律以外，可利用铀及其衰变子体具有放射性和释出氡气的特点，采用放射性γ测量、能谱测量、射气测量、水化学法等找矿。通过预查、普查、探查和勘探，提交铀资源储量。

铀矿的开采，主要有地下开采或露天开采。铀矿石需要经过破碎、研磨和选矿等处理，再用浸出剂（酸或碱）浸出铀，然后固液分离，对溶液进行离子交换或溶剂萃取，最后得到铀化学浓缩物（见图6–2）。采矿和选矿，会产生很多的废矿石，浸出会产生许多尾矿砂。还有，铀衰变的子体镭和氡，必须做好防护工作。我国对治理废渣石，总结了“拦、护、填、封、疏、盖、植”七字治理方法，有效减少了空气中氡的析出率和水中铀和镭的浓度。

2. 地浸办法好

近年来开发的地浸法，对砂岩型铀矿，不必将铀矿石挖出来，省去运输、磨碎矿石等许多工序，只要打几口井，往地下注酸（或碱液或CO_2+O_2），在地下把铀溶解出来。然后，将铀矿浆从地下抽上来，直接输运到水冶厂去加工(见图6–2)。这样，把采矿、选矿和水冶连成了一体，不会产生很多污染环境的废石和尾矿砂。地浸是个好办法，但由于地浸开采条件苛刻，找到适用于地浸的铀矿床难度较大。

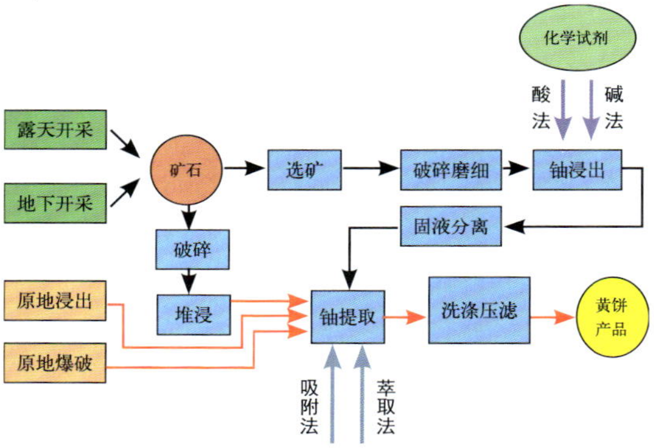

图6–2　铀选冶工艺流程示意图

除了地浸法外，还有堆浸法、原地爆破浸出法、细菌浸出法等。堆浸法就是把矿石破碎后在地面堆成堆，在上面喷洒稀硫酸，收集浸出液。原地爆破浸出采铀就是将采场内的矿石破碎到一定粒度，在原地用事先配制好的溶液对矿石进行喷淋，再将所形成的浸出液送地面水冶处理的方法。细菌浸出法是利用细菌的氧化作用，少用或不用硫酸，从矿石中浸出铀的一种方法。常用能氧化含铁硫化矿的菌种，如氧化硫杆菌和氧化铁硫杆菌。细菌浸出法还没有得到工业应用。

3. 从矿浆里制取精产品

预处理过的铀矿石经过酸（如硫酸）或碱（如碳酸钠）的浸渍，得到含铀矿浆。矿浆经过化学萃取或离子交换和沉淀处理，获得称为“黄饼”的粗产品（见图 6–3）。黄饼中所含的氧化铀（U_3O_8）仅占 40% ～ 80%，它里面含有很多杂质，并且很多是会“吃掉”维持链式反应的中子的毒物。因此，需要进一步提纯并制备成铀氧化物，该工艺过程，叫作铀的精制。

图 6–3 “黄饼”产品

精制方法有：溶剂萃取法、离子交换法、离子交换与溶剂萃取复合法、沉淀法等。经过精制，获得铀的中间产品。

中间产品还要进行化学转化，制成二氧化铀或金属铀，才可供下一步制造重水反应堆的燃料元件；经过铀 –235 富集之后，才可制造成轻水反应堆和研究堆的燃料元件或供做原子弹的装料。

第二章　铀 –235 的富集

从铀矿中获得的精铀产品是天然铀产品。在纯天然铀中能够被热中子轰击发生裂变反应的铀 –235 仅占 0.71%，99.27% 的铀 –238 在热中子轰击下不会发生裂变反应。也就是说，每 1 000 个铀原子中，只有 7 个可被热中子轰击发生裂变，要作为核电厂轻水堆（压水堆和沸水堆）的燃料，需要把铀 –235 的

浓度提高到 2.5% ~ 5%。如果要放到研究堆做燃料，需要把铀 –235 浓度提高到 10% ~ 90%。若要用来制造原子弹，则需要把铀 –235 浓度提高到 90% 以上。

铀 –235 和铀 –238 是同一元素的同位素，它们在化学性质上没有什么差别，只是在质量上有微小差别，相差约 1%。因此，要实现铀 –235 和铀 –238 分离，把铀 –235 富集起来，技术上的难度是很大的。提高铀 –235 浓度（称为富集）的方法，现在主要有气体扩散法、气体离心法和激光法。

1. 利用分子扩散的气体扩散法

气体扩散法就是把铀转化成六氟化铀气体，做成高压供料流。当它们通过特制的多孔膜时，质量较轻的铀 –235 分子运动速度大，容易透过膜。质量较重的铀 –238 分子运动速度小，不易透过膜。气体扩散法分离铀 –235 的原理见图 6–4。所用的多孔膜 1 平方厘米上有几亿个微孔，要求耐腐蚀和能承受很大的压差。气体扩散法使铀 –235 和铀 –238 分离开来，实际上，一次扩散分离的效果是很低的。要将铀 –235 的浓度从 0.71% 提高到 3%，需要 1 000 多个分离单元串联起来，所以铀扩散工厂是一个庞大的工厂，并且是一个耗电大户。

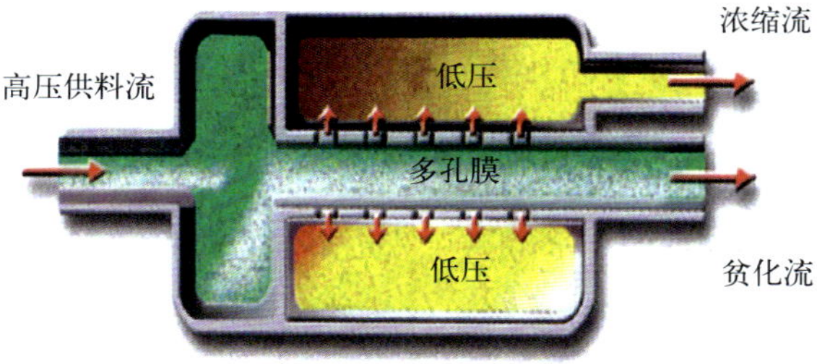

图 6–4　气体扩散法分离铀 –235 原理图

2. 利用质量差别的气体离心法

离心法是将铀转化成六氟化铀气体后做供料，注入高速离心机。离心机的转速很高，每分钟的转速高达上万转。在高速旋转离心力的作用下，质量较重的铀 –238 甩向离心机转筒的壁面附近，质量较轻的铀 –235 聚集在转筒中心轴线附近。这样，铀 –235 和铀 –238 得到了分离。离心法分离铀 –235 的原理见图 6–5。因为单台离心机的生产量是很小的，需要许多台离心机串联起来使用，才能获得满足需要的分离产品。

离心法比扩散法耗电少，经济性高，设备使用寿命长，已在逐渐替代扩散法富集铀-235，气体离心技术将取代气体扩散技术。气体离心技术已获重大发展，美国开发的第五代离心机转子高达15米多，直径达76.2厘米，转速达到1万转／分，单机生产能力已达1 000千克分离功／年。

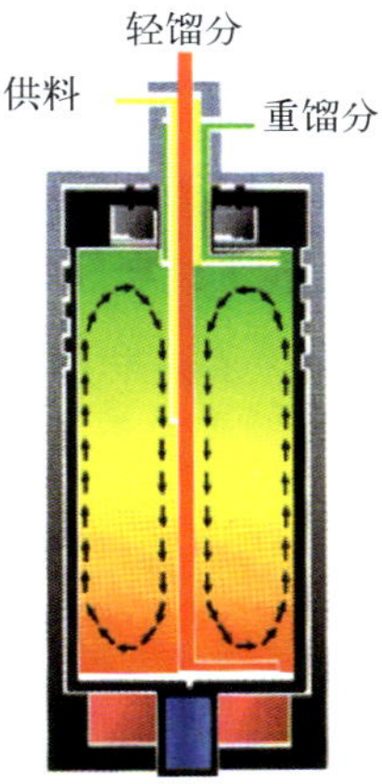

图6-5 离心法分离铀-235原理图

3. 利用光谱差别的激光法

激光法是根据铀-235和铀-238原子（或分子）吸收光谱的微小差别来实现分离。激光法分为原子激光法和分子激光法。前者直接浓缩金属铀蒸气，而后者则是对六氟化铀气体进行分离。原子激光法的研发比较多。

原子激光法是将金属铀熔化，蒸发形成原子蒸气束。用特定的激光与铀原子蒸气束相作用，有选择性地激发铀原子。铀-235原子被激发电离，形成等离子体，铀-238原子不被激发。受激发的铀-235在电场作用下发生偏转，将其引出来，收集在精料板上。铀-238原子不被激发，仍为中性，收集在贫料板上，这样实现铀-235和铀-238的分离（见图6-6）。

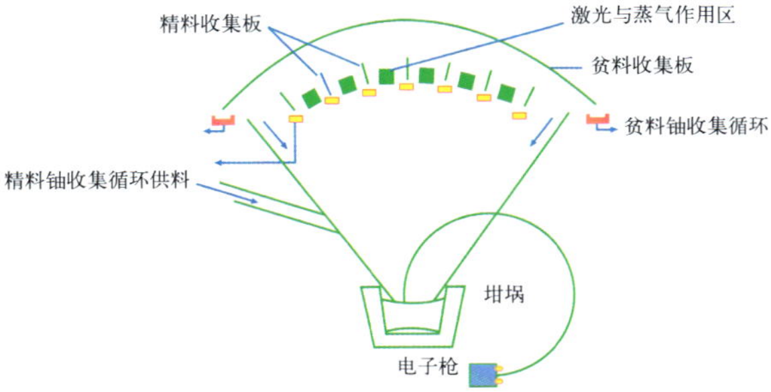

图6-6 原子激光法富集铀-235

激光法分离铀同位素是新开发的技术，具有分离系数高，耗电少，生产灵活，分离级数少，工厂规模小等优点。原子激光法富集成本较高，有转向研发分子激光法富集的趋向。

第三章　核燃料元件制造

有了富集铀 −235 的核燃料，还要做成适于反应堆使用的核燃料部件，这还有许多制作工艺，对制成的核燃料部件要求非常高。

1. 核燃料元件种类繁多

世界上已建有各种各样的反应堆，采用着各种形式的燃料元件。按反应堆类型分，有生产堆元件、动力堆元件和研究堆元件等；按元件几何形状分，有柱状、棒状、板状、条状、环状、球状和棱柱状等；按元件组分特征分，有金属型、陶瓷型和弥散体型等；按物理形态分，有固态核燃料、液态核燃料（溶液堆、熔盐堆）等。一些燃料元件和组件示于图 6−7。

图 6−7　核燃料元件和组件

2. 核燃料元件标准高

核燃料元件一般由包壳和芯体组成。包壳材料有铝合金、镁合金、锆合金、不锈钢和石墨等。芯体有铀 − 铝合金、二氧化铀、铀碳化物、铀钚氧化物、铀硅铝弥散体等。芯体一般经过烧结加工制成，为防止芯体膨胀变形后损害包壳，芯体和包壳间留有微小空隙（约 0.1 毫米），中间充以氦气（20 ~ 30 大气压），然后严格焊封。因为核燃料元件在反应堆中所处的条件十分恶劣，长期受到强辐照、高温、高流速，甚至高压的作用，所以要求核燃料元件具有耐温、耐压、耐辐照、耐冲击和耐腐蚀等高指标品质，以保证使用期间其性能、形状和尺寸保持稳定不改变。

由核燃料元件按一定排列方式组成的组合构件称核燃料组件。核燃料组件插入反应堆中（见图 6−8），在反应堆中“燃烧”之后产生很强的放射性。

元件如果发生破损就会造成放射性泄漏释出。所以核燃料元件不仅在反应堆“燃烧”过程中，而且从反应堆中卸出之后，保存在贮存水池中和直到后处理之前，都不希望出现破损和泄漏。

图 6—8 核燃料组件插入反应堆中

3. 核燃料元件反复受考验

堆型不同，核燃料组件也有别。核燃料组件要模拟反应堆的安装和使用条件，做各种堆外试验和堆内考验，包括：结构强度和刚度试验；水力阻力和流速分布试验；临界热流密度试验；格架流场和水流交混试验；水力冲刷试验；吊装运输试验；装换料试验等，考验核燃料组件的力学性能、热工水力学性能和辐照性能。图6—9展示在堆外检查压水堆新燃料组件。

图 6—9 堆外检查压水堆新燃料组件

由于反应堆专家和工程师们不断改进材料的品质和制造工艺，使核燃料元件的性能不断提高，目前核燃料元件的破损率已从万分之一降低到百万分之一。

第四章 从乏燃料中提取铀和钚

1. 什么是乏燃料

从反应堆中卸出的受过中子辐照且不回到该反应堆中再使用的燃料，称为“乏燃料”。压水堆乏燃料中，含有未“烧完”的易裂变物质铀 −235（它比天然铀中的铀 −235 浓度还高），新生的易裂变物质钚 −239，还有大量的铀 −238（约占 95%）、少量裂变产物（如锶 −90、铯 −137、锝 −99、钷 −147，贵金属钌、铑、钯等）和次锕系元素（也称超铀元素，如镎 −237、镅 −241、锔 −242）（见表 6−1），许多是宝贵的同位素。所以，有人称它为“核废料”是不合适的。现在全世界 400 多座运行发电的反应堆，每年卸出的乏燃料约 1 万吨。

表 6−1　压水堆乏燃料中所含核素

铀		钚	次锕系元素（MA）	裂变产物（FP）
铀 −235	铀 −238	钚 约 1%	镎，镅，锔	锶 −90，铯 −137，锝 −99，钷 −147，贵金属等
约 0.9%	约 95%		约 0.1%	约 3%

乏燃料中含有大量放射性物质，放射性很强，释热率很高，需要冷却贮存一段时间，才能作运输等处理。乏燃料通常贮存在反应堆附近的水池中（见图 6−10），称为湿法贮存。压水堆乏燃料冷却贮存时间一般不少于 3 ～ 5 年（生产堆乏燃料冷却贮存时间较短）。当水池贮存容量不足而需要继续贮存的时候，可转入干法贮存（图 6−11）。

图 6−10　乏燃料冷却贮存

图 6−11　乏燃料干法贮存

乏燃料要由国家许可的专门容器、专用车辆、专营公司来装卸和运输，以确保公众、工作人员和环境的安全。图 6−12 示出了我国中核清原环境技术工程有限责任公司运输乏燃料。

图 6-12 中核清原环境技术工程有限责任公司运输乏燃料

2. 何谓“后处理”

“后处理”是指从乏燃料中除去裂变产物，回收、纯化核燃料物质（铀、钚）的工艺过程。

后处理工艺分为水法和干法两大类。现在世界上在用的工艺都为水法后处理普雷克斯（Purex）流程。该工艺包括：燃料棒切割，燃料芯体溶解，有机溶剂萃取分离出强放射性裂变产物，对分离出来的铀和钚分别纯化等步骤。后处理操作有很强的放射性，需要远距离遥控操作和维修；需要确保核临界安全；对铀和钚的分离与纯化技术指标很高，这确实是高难度的高科技工程项目。我国已经自主建设了动力堆乏燃料后处理中试厂。大型动力堆乏燃料后处理厂的建设正在筹划中。

为适应高燃耗乏燃料（如快堆乏燃料）后处理的需要，人们正在研究先进的一体化流程和干法后处理技术。

3. 从乏燃料中取得珍贵的钚

自然界中无天然存在的钚，核燃料钚 -239 是通过反应堆（如生产堆）人工制造的易裂变物质（见图 6-13）。

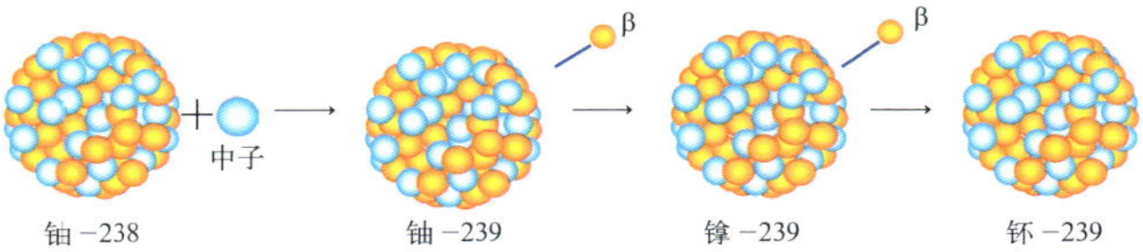

图 6-13 人工核反应制备钚 -239

一座 100 万千瓦电功率轻水堆核电厂，每年产生大约 25 吨乏燃料，其中含有反应堆级钚约 250 千克（其成分：钚 −239 约占 55%，钚 −240 约占 23%，此外还有钚 −241、钚 −238 和钚 −242 等）。乏燃料后处理提取的钚是宝贵的财富，可供制造铀、钚混合陶瓷燃料 [铀、钚氧化物燃料 (U，Pu) O_2（MOX 燃料），铀、钚碳化物燃料 (U，Pu)C，铀、钚氮化物燃料 (U，Pu) N 等]，可用做轻水堆和快堆的燃料。铀、钚混合燃料的使用，对提高铀资源的利用率、减少铀的转换和铀的浓缩要求、减少放射性废物的产生量有重要意义，有良好的发展前景。目前世界上工业化生产 MOX 燃料的已有法、比、英等国家，我国也正在研发 MOX 燃料。铀、钚碳化物燃料 (U，Pu)C 目前只有印度生产和在其快中子增殖实验堆上使用。

制造核武器的钚要求钚 −239 丰度不低于 93%，而反应堆级的钚中，钚 −239 丰度不足 60%。反应堆级钚中含有较大比例的钚 −240 钚 −238 和钚 −242 等，带来了很多问题，如自发裂变率高，使核链式反应过早开始（俗称提前点火），威力不确定，比活度高，辐射强，释热高，导致安全问题多，技术难度大，有许多需要攻克的难关。

4. 闭路循环和“一次通过式”

后处理回收的铀和钚，返回反应堆中去再利用，这就是闭路循环（见图 6−14）。做成混合氧化物燃料用到快堆中去“燃烧”，可使铀资源利用率提高 50 ～ 60 倍。闭路循环除充分利用铀资源外，还减少深地质处置高放废物的负担。

但是，对于不值得做后处理的乏燃料，如重水堆用天然铀做燃料，它的乏燃料中铀 −235 的含量已很低，不值得进行后处理；对于难以进行后处理的乏燃料，如高温气冷堆的乏燃料，按现有的技术条件不适宜作后处理。对于这些乏燃料，只能等待充分冷却之后，经过适当包装，进行直接深地质处置，这就是所谓“开路”路线，也称为“一次通过”式（见图 6−15）。

后处理闭路循环路线被法国、英国、俄罗斯、日本、印度等国家所采纳，我

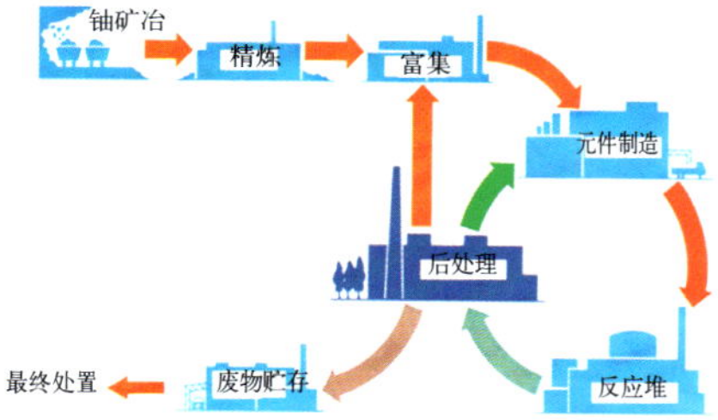

图 6–14　核燃料闭路循环

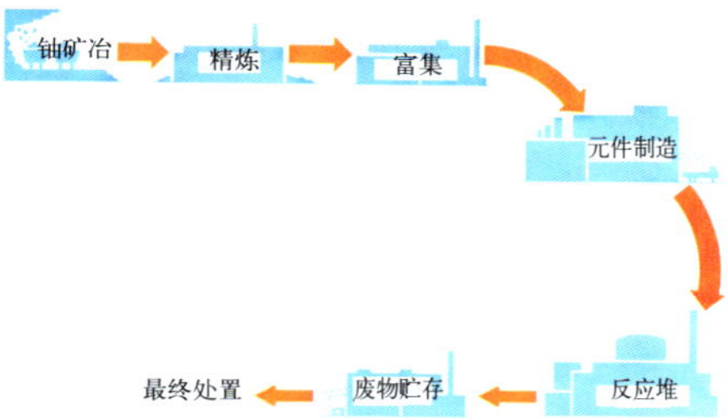

图 6–15　核燃料“一次通过”

国也采取这种后处理路线。美国、加拿大、瑞典、芬兰、西班牙等国，现在宣布走“一次通过式”路线。世界上多数有核电的国家，还是采取“等着瞧”的态度。

除了铀燃料外，钍矿中提取的钍 –232，经过中子辐照可以转化成铀 –233。铀 –233 也是易裂变核素，可以用作核燃料。目前，世界上只有印度开发利用钍燃料。

第五章　轻核材料的制备

原子弹和裂变反应堆，使用重核材料的裂变反应所释放的能量。氢弹和聚变反应堆，使用轻核材料的聚变反应所释放的能量。

前面介绍了重核材料的生产和制备，这一章要谈谈轻核材料的生产和制备。轻核材料这里主要介绍氘、氘化锂 –6 和氦 –3。

1. 氢家三兄弟　品性有差异

氢有三兄弟，人们称之谓氕（即氢）、氘和氚（见图 6–16）。氢在自然界中很丰富，氘的量不多，氚的量非常少。氢与氧化合生成普通水；而氘和氧化合生成重水，氘化水；氚与氧化合生成氚水、氚化水、氘氚水。

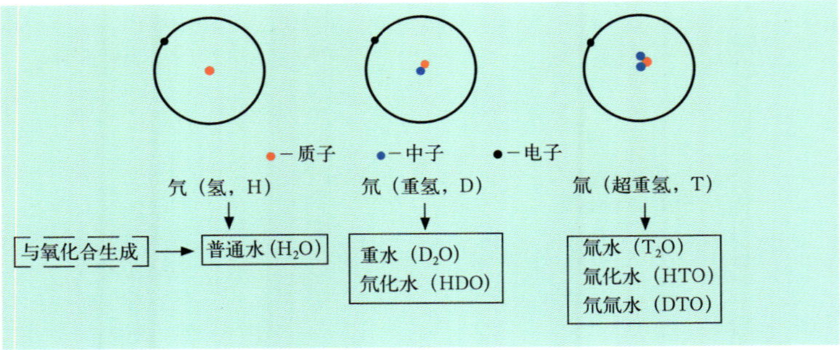

图 6–16　氢家三兄弟

2. 反应堆产氚和重水提氚

氚在自然界中储量很少，实用的氚靠人工制造，目前主要采用反应堆产氚和重水提氚。反应堆生产氚是通过锂－6或氘的中子核反应。

锂的中子核反应，是用高富集度锂－6的合金或陶瓷体做成的靶件，放到反应堆中去辐照。两靶件相比，以陶瓷靶生产氚效果更好。陶瓷靶是用含锂的陶瓷做芯体，不锈钢或铝合金做包壳，制成靶件。靶件受中子辐照之后，除产生氚之外，还会产生许多其他同位素，所以必须进行纯化。常用的纯化方法，有热扩散法和靶热置换法。

重水在反应堆中受中子照射，通过D（n，γ）T反应而生成氚。从重水反应堆的重水中提氚的方法有多种，例如：利用化学性质差异的化学交换法（如催化交换法）；利用迁移率不同的电解法；利用挥发度不同的蒸馏法；此外，还有色谱法、热扩散法和激光法等。现在，用得比较多的是催化交换法和联合电解的催化交换法。在法国、加拿大、印度、韩国等国家中，有的已进入工业应用，有的尚在开发研究。图6–17展示了提氚装置。

图 6–17　提氚装置

利用加速器生产氚是通过核反应获得，如：

氘 + 铍 −9 → 氚 + 铍 −8

氘 + 氘 → 氚 + 质子

中子 + 锂 −6 → 氚 + 氦 −4

这些方法生产氚，还没有形成规模生产，或者使用者尚不多。

3. 怎样制备氘化锂 −6

谈氘化锂 −6，首先要说一说氘。氘是稳定同位素，不带放射性，用“D”来表示。氘所形成的水称为重水（D_2O）。在天然水中，它以氘化水（HDO）形式出现，丰度约为 0.015%。氘的制备比氚要简单，可以从天然水中提取，其提取方法有双温交换法、水电解法和液氢精馏法等。氘的用途可以重水形式作反应堆的慢化剂，以氘或氘 − 氚形式作聚变堆的燃料，还可以做成氘化锂 −6，作氢弹的装料。

重水和天然水的密度、冰点、沸点、蒸汽压等性质有差异。工业规模生产重水有蒸馏法、电解法和化学交换法。我国秦山三期核电站用重水做慢化剂，不用低浓铀，而以天然铀作燃料。

氘和重水的制备相对于氚来说容易得多，但重水的价格相当于黄金的价格。

再谈一谈锂 −6，锂在自然界中分布很广。在天然锂中，有锂 −6 和锂 −7 两种同位素，锂 −6 占 7.5%，锂 −7 占 92.5%。

锂 −6 和锂 −7 的分离方法很多，有物理法和化学法。物理法如电磁法、电解法、电迁移法、蒸馏法和激光法等。化学法如萃取法、沉淀法、离子交换法和锂汞齐法等。图 6−18 展示分离锂同位素的装置。目前工业上用得最多的分离法是锂汞齐 − 锂溶液化学交换法。锂汞齐法有汞污染的缺点。冠醚化学分离法等新分离技术正在开发研究中。得到锂 −6 之后，将氘气和金属锂 −6 在坩埚中加热达到 700 ～ 750 ℃，就可合成氘化锂 −6，用作氢弹的装料。

图 6–18　分离锂同位素

4. 向月球索取核材料氦 –3

氦 –3 有多种多样的用途，它是核聚变的重要核材料。

氦 –3 是氦气的一种稳定同位素，没有放射性。在大气和矿物质中，氦 –3 的含量很少。但是，人们探月发现，月球上蕴藏着丰富的氦 –3。它储藏在钛矿层里，分布在月球表面的浅土层中。据估算，月球上的氦 –3 的贮量为 100 万～ 500 万吨，可供全球数十万年之用。将这种富钛土加热到 700 ℃，氦 –3 就会释放出来。

用氦 –3 进行核聚变，以氦 –3 和氘为原料，核反应的产物是氦 –4 和质子（见下面反应式），不使用氚，不产生中子，无放射性核素和感生放射性核素，是完全清洁的能源。

氦 –3 ＋ 氘 → 氦 –4 ＋ 质子 ＋ 18.4 MeV

所以，向月球索取核材料氦 –3，已成为核科学家和工程技术人员奋斗的重要目标之一。

第七篇
放射性废物能够安全处置

核能的开发利用和人的生活、工厂的生产一样，不可避免地要产生废物。核废物量有多少，各国情况不一样。核电多、核工业发达的国家，核废物量必定多。我们来看看法国核废物量的情况，法国是世界上核电和核工业最发达的国家之一，核电占总发电量近 80%，法国有完整的核工业体系。法国产生废物量人均为：工业废物 3 000 千克／年，有毒废物 100 千克／年，放射性废物 1 千克／年（包括高放废物 10 克）。也就是说，核工业和核电高度发达的法国，有毒废物约占工业废物的 3.3%，放射性废物只是有毒废物的 1%。而高放废物又只是放射性废物的 1%，可见放射性废物量是很小的。

有的人觉得放射性很可怕，到底放射性废物能不能安全地处理和处置？这是很多人所关心的问题，读完这一篇，你就明白了。

第一章　放射性废物和放射源严格分类管理

1. 放射性废物分类

放射性废物管理的目标是保护当代和后代人健康，保护环境。实践证明，放射性废物经过分类处理和处置，完全可以达到上述要求。放射性废物分类方法很多，通常按物理形态分为：废气、废液和固体废物；按放射性水平分为：高放废物、中放废物、低放废物、极低放废物（见图 7–1）。对于经过贮存衰变或去污、熔炼等措施，低于或达到审管机构所规定的活度浓度限值之后，能够从核审管控制中解脱出来（解除审管控制），成为免管废物。

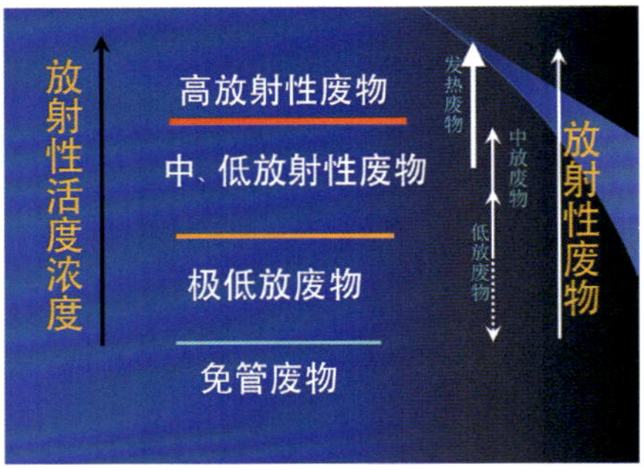

图 7–1　放射性废物分类图

2. 放射源分类

国务院第 449 号令（2005 年）将放射源分为 5 类：I 类（极度危险源），如：放射性同位素热电发生器、辐照装置等。II 类（高度危险源），如：工业 γ 照相源等。III 类（危险源），如：固定工业测量源（液料测量、挖泥测量）等。IV 类（低危险源），如：骨密度计、静电消除器源等。V 类（极低危险源），如：植入人体源、医疗用 ^{99m}Tc、治疗用 ^{131}I 等。涉及放射源的同位素生产、进口、出口、销售、使用和贮存单位，都需获许可。对放射源实施跟踪管理，对废源及时整备与处置，可预防和减少事故发生，降低事故风险。

第二章 废气废液净化后才排放

低中水平放射性废气、废液和固体废物已经有比较完善的处理方法（见图 7–2）。

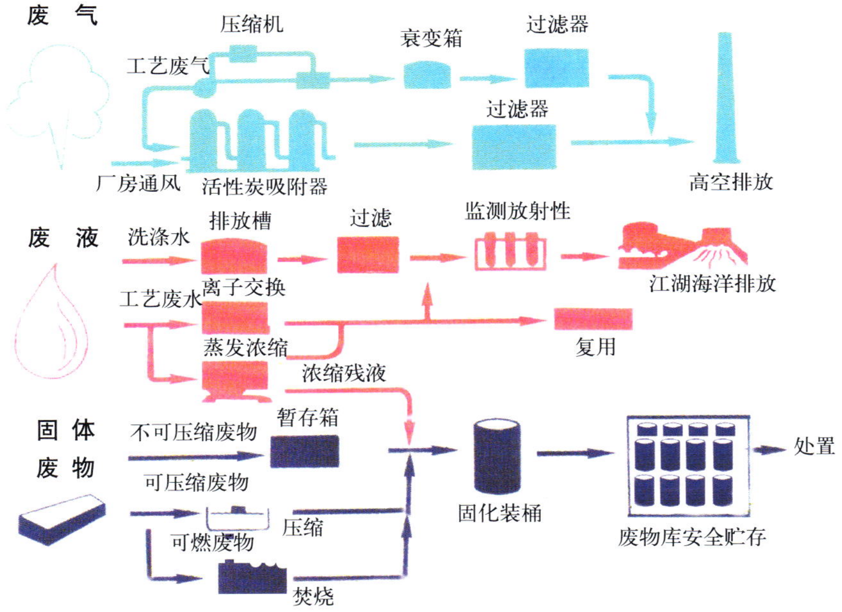

图 7–2 低中放废物处理工艺流程

1. 废气处理很可靠

在加工、生产、操作放射性物质的时候，难免有放射性气体产生。虽然，放射性是看不见、闻不到、摸不着的东西，可是，你可以放心，安全没有问题。一是因为放射性有高灵敏的仪器来探测；二是因为有有效的办法捕捉放射性；三是因为有许多办法来净化空气。

在核工业工厂、核电站厂房和放射化学实验室，人们针对它们释出的放射性物质，采用有效的气体过滤器来捕集放射性颗粒。图 7–3 展示的是一种废气过滤器。如生产放射性碘的场所，人们采用碘过滤器；放射性气溶胶高的地方，人们采用气溶胶过滤器；为了捕捉极小的放射性颗粒物，人们采用高效空气粒子过滤器。这种又称为绝对过滤器的高效空气粒子过滤器，可把空气中粒径为 0.3 微米的放射性微粒物质除去 99.97% 以上。

图 7–3 废气过滤器

在核电厂，人们通常采用压缩贮存衰变或吸附衰变的办法，让大量短寿命气体放射性核素衰变掉。例如，把放射性气体加压“禁闭”起来，或者吸附在活性炭上，让它滞留五六十天，当再放出来的时候，许多短寿命核素都“死掉”了，放射性就大大减弱了。对于一些较长寿命核素的气体，当通过过滤器的时候，被阻滞保留在过滤器芯上，经过过滤后的空气也就干净了。

2. 废液处理方法多

放射性核素溶入水中，形成放射性液体。处理放射性废液，除了前面所说的衰变法外，还有各种各样的办法，例如：

蒸发法　大家熟悉，海水经过蒸发，盐会结晶出来，蒸发出来的水汽冷凝之后，就成为淡水了。蒸发净化放射性废液，就是用这个原理，把放射性核素浓缩在蒸残液中，使放射性废水得到净化。

沉淀法　从前，农家常用明矾来澄清河里、井里打上来的水。明矾产生的絮状沉淀物把水中的杂质团聚起来，水变清了，就可以饮用了。沉淀法就是用这样的原理，把放射性核素载带沉淀下来，净化废水。

离子交换法　这是根据离子交换的特性，把放射性核素的离子交换到有机或无机离子交换剂上去，使废水得到净化。

放射性废水净化的办法还有很多，尤其是低、中水平放射性废液，如电渗析法、反渗透和超过滤等，这些办法是利用膜技术，使放射性核素选择性地透过膜，分离成净化液和浓缩液达到废水净化的目的。电渗析和超过滤原理如图 7–4 所示。

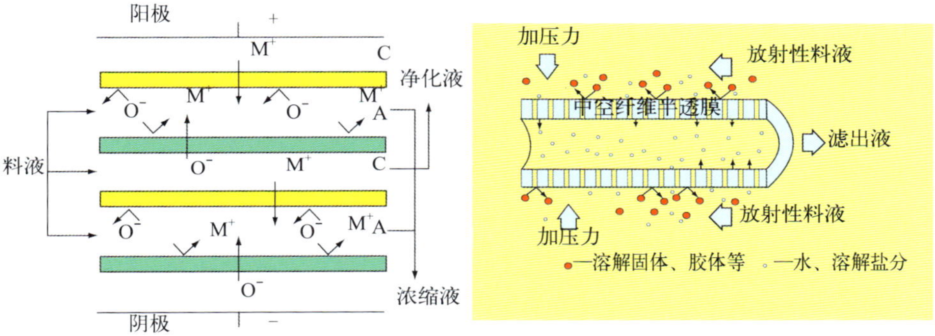

电渗析　　　　超过滤

图 7–4　电渗析和超过滤原理图

3. 排放控制严又紧

经过净化处理的废气、废液是不允许随便排放到大气或江河湖海中去的。排放之前要经过严格的监测。如核电站的监测，有安装在排放管道上的连续监测，有取样点的取样分析监测。发现超标，就会报警和自动阻断排放。

排放有严格的标准，对排放的放射性核素总量和浓度都有限值。

为了掌握排放对空气和环境污染的情况，核设施规定了监测范围，设置了许多监测点，核设施和地方监测站一直进行着双重监测，实行定期评价和报告。监测证明，我国核电站运行 20 多年来，废气、废水的排放，都没有给环境带来可觉察的负面影响。

第三章 固体废物减容和固化

1. 压缩减容

生产、运行和操作放射性物质，难免产生一些固体放射性废物，如沾污的设备、器具、劳保用品等。如果它们的体积很大，会增加贮存和处置的花费。压缩减容是常用的办法，像工业上常用的打包机一样，一压缩打包，体积就小多了。一般的压缩机，可以把可压缩的废物体积减小到原来体积的 1/6 ~ 1/3。如果采用压头压力一二千吨的超高压压缩机（见图 7–5），连钢管、钢桶和钢箱、混凝土块也可以压缩减容。如果把装满废物的 200 升金属桶（见图 7–6）用超高压压缩机压缩，就变成了一个饼块（见图 7–7）。

图 7–5 超高压压缩机

图 7–6 200 升金属废物桶

图 7–7 一个 200 升金属废物桶压缩成的饼块

2. 焚烧减容

“一把火把物体烧成灰”，这是大家都有的经验。纸品、纺织品、木材、塑料、橡胶、油料等放射性废物，包括做同位素试验产生的动物的尸体，有机溶剂都可以在专门焚烧放射性废物的炉子中烧成灰，获得很大的减容。

现在世界上设计建造和使用着各种形式的焚烧炉，这些焚烧炉和一般民用的焚烧炉大不一样，它的建造非常讲究，有很多安全保护措施。例如，烟气要经过多道过滤，焚烧灰要安全收集和处置等。保证不让放射性物质危害公众和工作人员，不会污染环境。图 7−8 展示了一个废物焚烧炉和它的尾气净化系统。

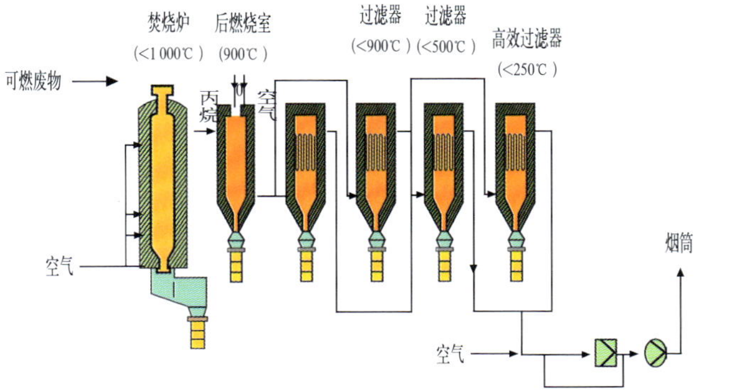

图 7−8 废物焚烧装置

3. 固化和固定

放射性废液蒸发产生的浓缩物、蒸残液、沉淀产生的泥浆、离子交换产生的废树脂和焚烧炉产生的焚烧灰中，往往富集了较多的放射性核素。为了不让它们扩散和流窜开来，人们研究开发了许多有效的固化方法，例如：水泥固化、沥青固化、塑料固化、玻璃固化等。图 7−9 展示了放射性废物的桶外水泥固化和桶内水泥固化。图 7−10 展示了放射性废物沥青固化工艺流程图。

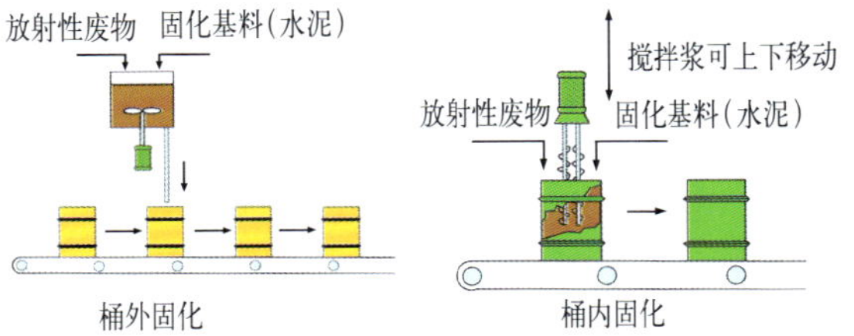

图 7−9 放射性废物水泥固化

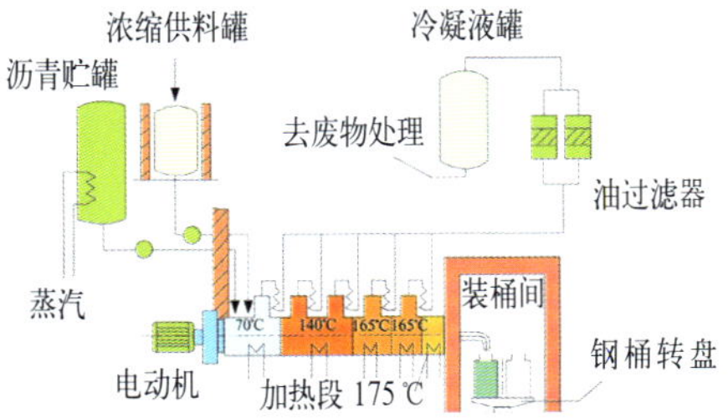

图 7−10 放射性废物沥青固化

水泥固化低、中水平放射性废物是最常用的办法。它把放射性废物浇注在水泥浆中，凝固之后成为坚硬的水泥固化体。为了把放射性核素禁锢得牢牢的，常常还添加各种添加剂。对于高放废物，则要采用耐久性好的玻璃固化、陶瓷固化或人造岩石固化等工艺。

固化体被封装在钢桶或混凝土桶内或其他更好的容器内，包装容器坚固、耐腐蚀、耐温、耐辐照，持久不泄漏。生产包装容器的厂家是有资质的，生产的容器要做检漏、跌落、水淋等许多试验，证明是坚固耐久的。

废物固定是在装有固体废物（如破碎的固体物）的容器中，浇注某种介质（如水泥砂浆等），以填充容器中的空隙，形成无空隙的独石状物体，避免在容器破损之后进水浸泡废物体，导致放射性核素的浸出和迁移到环境中。

4. 去污不可少

生产、使用和操作放射性物质的场所与设备，包括操作人员，有可能会受到不同程度的放射性污染。去污不可少，去污效果好。

对于附着性的污染（非固定性污染）容易去污；对于弱固定性的污染，较难去污；对于强固定性的污染，污染核素渗入到材料基体的内部，很难去污。

去污方法很多，有机械—物理法（包括吸尘、冲洗、机械擦拭、高压射流、超声去污、激光去污和等离子体去污等）；化学法（包括酸碱去污，化学凝胶、糊膏去污，泡沫去污，可剥离膜去污等）；电化学法和生物去污法等。

去污要根据去污对象、去污环境和条件，优选能够快速和有效除去放射性污染的方法，防止产生过多二次废物。

第四章　用多重屏障将放射性核素隔离

1. 把低、中放废物禁锢三五百年

俗话说“魔高一尺，道高一丈”，“孙悟空跳不出如来佛的手掌心”。放射性废物也被人们管制得服服帖帖。

放射性核素固结在固化体中，封装在坚固的包装容器中之后，选择好地方，把它们埋藏在混凝土沟槽或窖仓中。底部做过很好的处理，有承重、防渗、集水、吸附放射性核素等功能。上面要覆盖好几米厚的覆盖层，包括混凝土盖板、卵石层、沙土层、黏土层等，夯实之后还要种上植被（见图 7−11）。这样精心的构筑，防止深根植物、啮齿动物、穴居动物的闯入和人的挖掘活动。几十年之后，即使废物桶破损或老化，多数放射性核素只是被吸附在周围的土壤中。

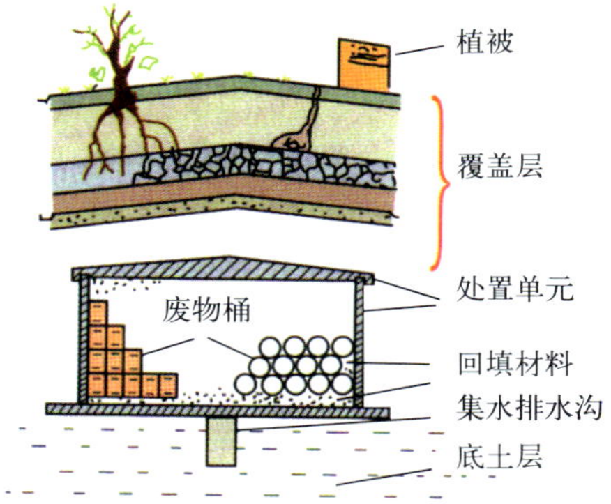

图 7−11 低、中水平放射性废物处置示意图

核电站运行产生的低、中水平放射性废物，所含的主要核素为钴 −60（半衰期 5.27 年）和铯 −137（半衰期 30 年），按半衰期来算，短寿命低、中放废物在三五百年隔离之后，如铯 −137 已经过 10 ～ 17 个半衰期的衰变，放射性水平已经降到原来的千分之一到十万分之一。这时候，即使泄漏到环境中去，影响也就微不足道了。

工程师们对低、中水平放射性废物处置场，从选址、设计、建造到关闭，以及关闭之后的维护和监督，都作了精心的安排。图 7−12 展示的就是低、中放废物近地表处置场。

低、中放废物在处置中

处置场加了顶盖

处置场最后种上了植被

图 7−12 低、中放废物的近地表处置场

现在，世界上已建造了 100 多个低、中放废物处置场（库）。各国根据本国具体条件和废物管理政策，因地制宜建设了多种类型废物处置场（库）。图 7–13 展示了法国奥布近地表处置场。芒什处置场关闭之前，法国就准备好了

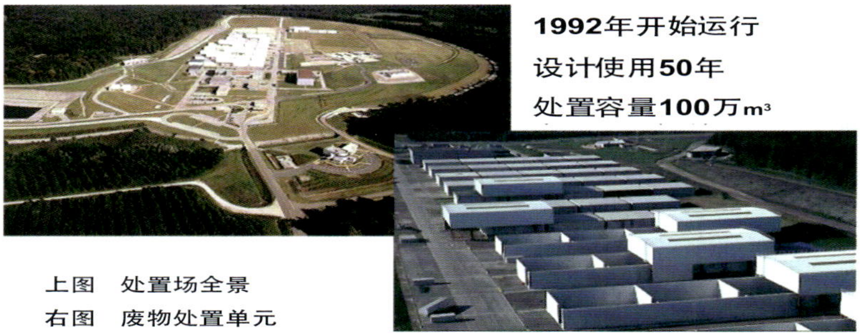

图 7–13　法国奥布近地表处置场

处置容量为 100 万立方米的奥布处置场。西班牙、日本的低、中放废物处置场都属于这种类型。图 7–14 展示了瑞典海滨海底处置库，建在滨海海底 60 米深花岗岩基岩中。1988 年 4 月开始投入运行（白色区），现正在为处置核电站退役废物进行扩建工程（蓝色区）。芬兰的处置场与其类似。德国政策是把各类废物都处置在深地质层中。图 7–15 示出了莫斯莱本废盐矿处置库，在 320 ~ 630 米深层上处置低、中放废物，运营到 2000 年关闭，共处置了 36 753 立方米低、中放废物及 6 621 个密封源。德国处置非发热废物的康拉德废铁矿处置库已建成待投入运行。此外，有的国家把低放废物处置进了核爆坑中，有的处置进了废铀矿中，有的甚至处置进了世界大战期间建造的

图 7–14　瑞典滨海海底处置库

图 7–15　德国莫斯莱本废盐矿低、中放废物处置库

山洞贮存库中等。对于长寿命的低、中放废物，要用中等深度地质处置；对于极低放废物，可用简易包装，实施浅土填埋处置。

我国已在甘肃和广东建造了和运行着两个低、中放废物处置场。四川飞凤山低、中放废物处置场正在建设中。

2. 马王堆千年古尸的启迪

1972 年，我国发掘了举世闻名的长沙马王堆古墓（见图 7–16）。这座已有 2 100 多年历史的汉墓中，出土的女尸竟依然形体完整、皮肤湿润，富有弹性，部分关节可以活动，内部器官完整。胃内还保存着 138.5 粒瓜子。入土两千多年，几乎与新鲜尸体相似。3 000 多件随葬品也保存完好。

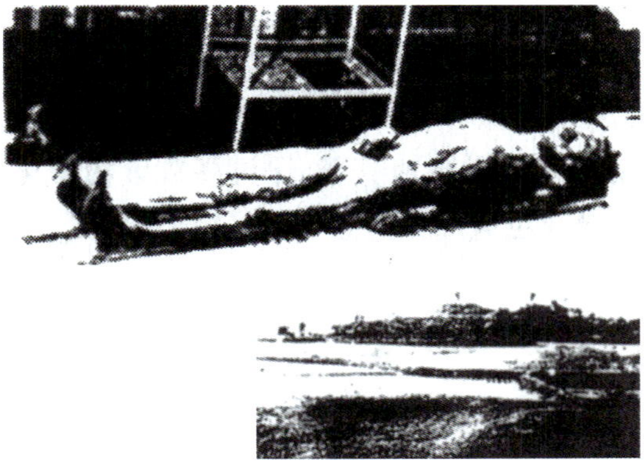

图 7–16　2 100 年前马王堆古墓中的女尸
（上）发掘的女尸（下）古墓的环境

马王堆古墓位于小山丘上，墓深 16 米，周围是水田。长沙属于亚热带气候，潮湿多雨，年降雨量多达 1 400 毫米。就在这样的环境中，我国古代人用棺木埋葬，采取隔水、绝氧等措施，将女尸完好保存了 2 000 多年。现代人用精心设计的多重屏障体系，处置放射性废物，完全可以深信，实现安全隔离三五百年，是绝对有把握的。

3. 把“老虎”关进铁笼和禁锢在“地牢”里

有人把高放废物看作老虎，提起高放废物，就“谈虎色变”。人所共知，老虎会吃人，但把老虎关在铁笼中是安全的，家长们喜欢领着孩子去动物园看老虎，没有谁担心老虎吃人的问题。如果把高放废物装在“铁笼”中，再把铁笼禁锢在“地牢”中，高放废物不也就安全了吗？

裂变反应产生的放射性核素虽有百余种，但是，大多数核素的寿命比较短，由于不断衰变，大多数核素逐渐变成了无害物质，废物处理中需要认真对付的只是那些长寿命核素。乏燃料后处理产生的废物中，有一小部分废液，放射性强度特别高，释热量大，含有一些极毒或毒性较大的锕系核素和长寿命核素（如镎－237、钚－239、锝－99、碘－129 等），这就是人们常称的高放废液。

对于高放废液，人们研究了玻璃固化、人造岩石固化，能使放射性核素转移到固化基质的分子网络结构中或分子结构的骨架上，难以被溶解出来，这就像“老虎关进了笼子”一样，可以牢固地把长寿命、高毒性的放射性核素长期包封起来。现在，玻璃固化已实现了工业规模处理，法国、英国、俄罗斯、比利时、美国和印度等国家已经用玻璃固化处理了许多高放废液。人造岩石固化技术还在研究开发中。图 7-17 是高放废液玻璃固化工艺流程图和熔铸的玻璃在浇注进特种材料和结构的容器中。

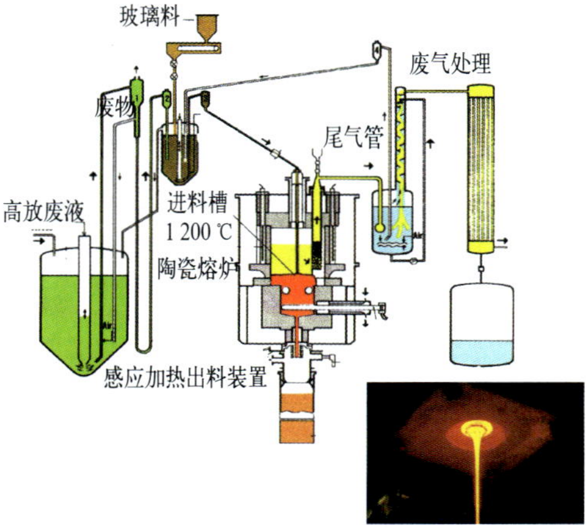

图 7-17　高放废物玻璃固化工艺流程图和熔铸的玻璃在进行浇注

固化的高放废物封装在特制的容器中，这种容器是用非常耐腐蚀的高级合金钢制造的。处置的时候，固化容器的周围，还填充着许多吸附性能好的膨润土材料，这样构成了多道“人工屏障”。

除此之外，还有优良的“天然屏障”。高放废物库建在 500 ～ 1 000 米深地下的稳定地质层上。图 7-18 是高放废物地质处置示意图。高放废物处置库选址在没有裂隙、断层、地震和火山活动；没有矿藏，子孙后代不会去挖动它；没有地下水流过的地质体中。人们这样构筑的“地牢”真是“固若金汤、坚不可摧”。上千年以后，即使有个别核素“破笼而出”，一路上被吸附、滞留、稀释、扩散和离子交换，侥幸逃跑出来的放射性核素，行进的速度也是非常非常慢，当它们到达人类生活环境的时候，已差不多衰减到无害化水平了。

据科学家推算，这样的多重屏障体系，可以保证上万年，甚至数十万年的安全隔离。

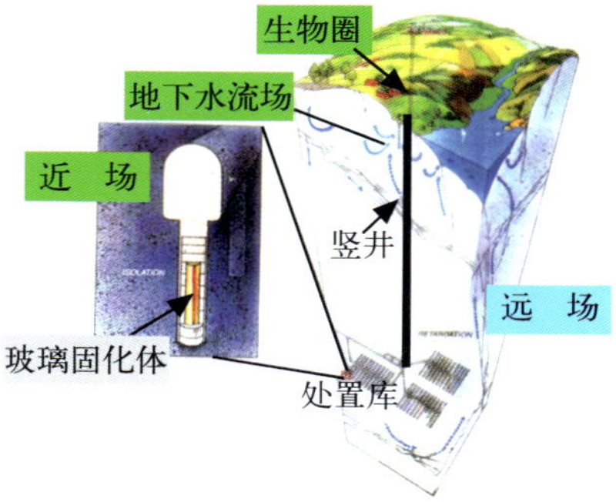

图 7–18 高放废物地质处置图

4. 奥克洛天然反应堆对安全处置可作证

1972 年，在西非加蓬共和国奥克洛（Oklo），法国人发现了一个天然反应堆。经考证，那里原来是一个铀矿，经过地壳变迁，形成了罕见的富铀带（铀 –235 丰度达到 3.75%）。在那个地区会吸收中子的矿物（如硼、镉、稀土等）很少。后来，那里进了水，铀自发裂变产生的快中子，有机会变成了慢中子，具备了链式反应的条件。大约在 20 亿年前，发生了自持链式裂变反应，持续了约有几十万年。产生了大约 10 吨裂变产物和 1.5 吨钚。法国人发现这个场址之后，国际上许多科学家去那里进行了挖掘和考察研究（见图 7–19）。研究发现，奥克洛地区是高孔隙、高渗透性、含有丰富水分的黏土沉积层。天然反应堆的裂变反应产物、锕系核素及其子体，经过 20 亿年漫长时间，仅迁移几十厘米到几米远。奥克洛天

图 7–19 奥克洛天然反应堆挖掘现场

然反应堆说明了什么呢？它向人们证明，地质构造具有良好的阻滞长寿命放射性核素迁移和扩散的能力，能够起到有效隔离放射性核素的屏障作用。

第五章　分离－嬗变开拓新办法

高放废物深地质处置，要求安全隔离上万年乃至数十万年。不用说，花费的代价是很大的，并且这样高标准的场址也是很难找到的。加上人们心理接受和社会因素等影响，对高放废物的安全处置，人们期望有更多的好办法可以选择。分离－嬗变就是适应这种需要而正在开发研究的技术。

1. 锦囊妙计——分离嬗变

分离－嬗变是把高放废物中次锕系元素及长寿命裂变产物分离出来，做成靶件或元件，送到加速器或反应堆中去轰击或辐照，把长寿命核素转变成短寿命核素或稳定同位素(见图 7–20)，这就是所称的 P–T 技术(Partitioning 分离，Transmutation 嬗变)。

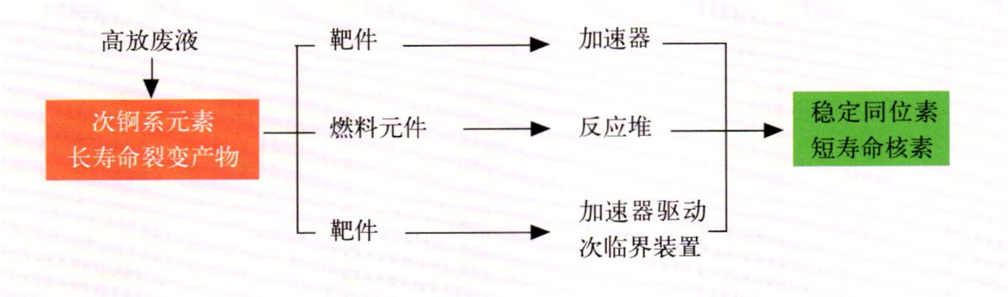

图 7–20　嬗变示意图

分离－嬗变概念的提出已经有许多年了，近年进展较快。分离－嬗变办法有以下优点：

(1) 使核废物中的长寿命裂变产物和次锕系元素嬗变成短寿命核素，大大降低放射性毒性，大大减轻深地质处置的负担；

(2) 实现清洁能源，促进核能可持续发展；

（3）提高铀资源的利用率。

2. 发展高科技实现分离和嬗变

实现高放废物分离－嬗变难度很大。首先要对高放废液进行分离，把次锕系元素（镎、镅、锔）和长寿命裂变产物（如锝－99、碘－129 等）、中等寿命重要裂变产物（如锶－90、铯－137 等）分离开来，有的送去嬗变，有的可以再利用（见图 7–21）。对于分离—嬗变，首先要求分离程度很高，产生的新废物很少；其次要能做成适当的靶件或元件，可以放到加速器上去轰击，或者放到反应堆中去照射。

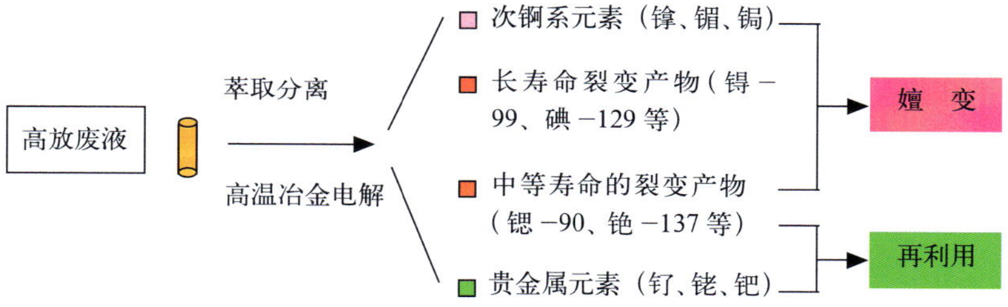

图 7–21　高放废液分离示意图

核废物的嬗变工具可以用强流质子加速器，可以用反应堆（如快中子堆、热堆、聚变－裂变混合堆）。一种现在发展较快的做法，是加速器与次临界反应堆的组合，也就是加速器（能量约 1GeV，流强 100 mA）产生的质子束去轰击铅靶，所产生的中子经慢化、倍增后驱动次临界装置，称为加速器驱动的次临界系统（ADS）。次临界反应堆的中子增殖因子 $k<1$，所以反应堆固有安全性非常好。这种装置不仅可以“烧掉”次锕系元素和长寿命裂变产物，还可能发电（见图 7–22）。

实现高放废液的分离—嬗变，是一项高科技的系统工程，需要核物理、中子物理、核数据、加速器、反应堆、放射化学、核电子学、材料科学等许多学科和技术的配合。干法后处理的开发研究，强流质子加速器的建造，耐高温、耐辐照及耐腐蚀材料的解决，尚待时日。从基础研究、工程示范到最后达到商业应用，有着艰难的路程。但是，高科技的发展势不可挡，这个堡垒一定能够攻克。

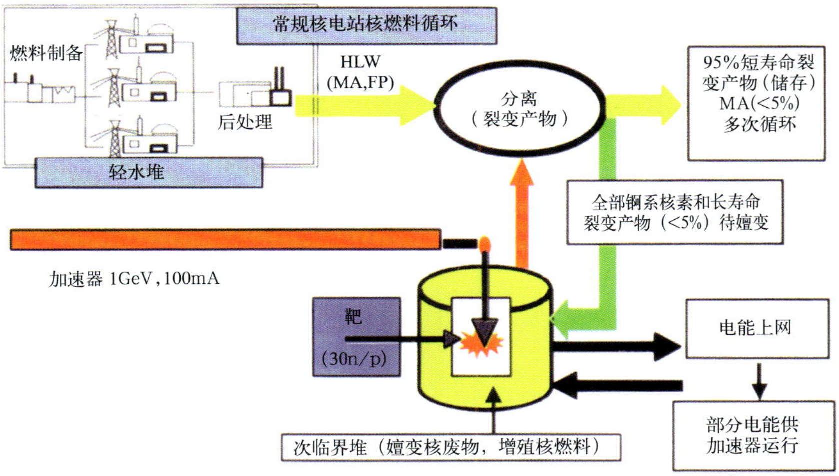

图 7–22　加速器驱动的次临界系统（ADS）

第八篇

核辐射可以有效防护

辐射很可怕吗？辐射的危害作用有多大？辐射怎样进行防护？辐射的防护安全有保障吗？这是人人都关心的问题。

第一章　辐射处处存在

1. 人类生活在辐射的环境中

自古以来，人就在天然辐射的环境中繁衍生息，每个人每时每刻都在受到天然辐射的照射（见图 8-1）。

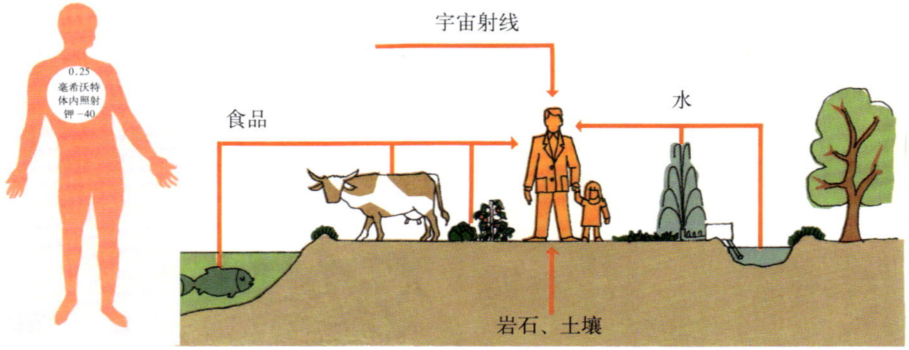

图 8-1　人类生活在辐射环境中

天然辐射来源之一是人体内部都有放射性核素钾 −40。大家知道，人体是由细胞构成的，细胞是由碳、氢、氧、氮、钠、钾、钙、镁、硫、磷、铁、钼等许许多多元素组成的。一个成人体内约有 100 克钾元素，其中万分之一是放射性同位素钾 −40。钾 −40 是 β 和 γ 放射体，半衰期 12.6 亿年。钾 −40 放出的射线约一半被人体组织吸收了，另一半辐射出体外。如果让一个成年人躺在一个人体那么大的计数器（人体计数器）上进行测量，一分钟可以测到约 15 000 个计数。这种钾 −40 不是核工业，也不是核爆炸带来的，因为古代人和现代人的人体里一样都有钾 −40。

天然辐射的第二个来源是土壤、岩石中含有的铀、钍（包括衰变子体镭 −226 和氡）、钾 −40 等天然放射性核素。不可避免，由此而造成人们住的房子、走的路、喝的水、吃的食物、呼吸的空气也都可能含有微量的这些天然放射性核素。

天然辐射的第三个来源是宇宙射线。宇宙射线包括外层空间来的初级宇宙射线以及它与大气层中物质相互作用所产生的次级宇宙射线，生活在地球上的人都要受这种宇宙射线的照射。通常每升高 1 500 米，宇宙射线要增强 1 倍。

这三种天然辐射，构成人们通常所说的“天然本底照射”。天然辐射中，以氡的剂量最大。天然辐射水平随时间的变化较小，但随地域、环境的变化较大，例如纬度高的地区、地势高的地方，或在洞穴中、在地下室里，或居住在花岗岩、煤渣砖房屋中的人们，受到的天然辐射要高一些。据世界权威机构 2003 年发布的统计，世界天然辐射水平的范围为 1 ~ 10 毫希沃特 / 年，平均为 2.2 毫希沃特 / 年，其中 40% 为体外的受照，60% 为食入、吸入后所引起的体内照射。

2. 习以为常的医疗照射

人们不仅不可避免地受到天然辐射的照射，还自觉不自觉地受着额外的人工辐射的照射。例如看电视、抽烟、坐飞机，特别是到医院去体检或治病（见图 8−2、图 8−3），医生少不了要让你做透视或拍 X 光片子，有时还可能要让你作 CT（X 射线断层扫描照相）。很多人都有过做胸透或拍 X 光片的经历。

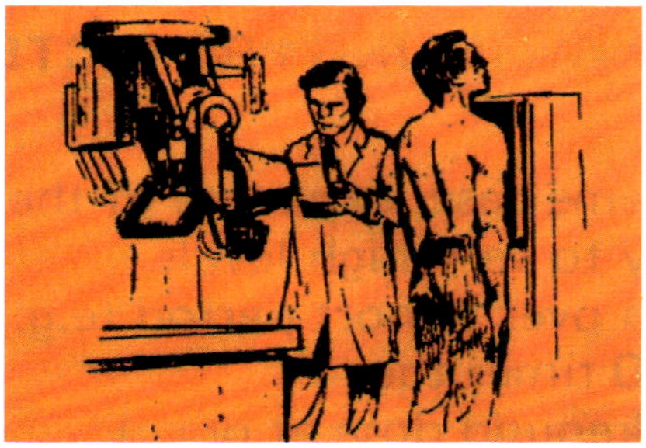

图 8–2　X 光检查

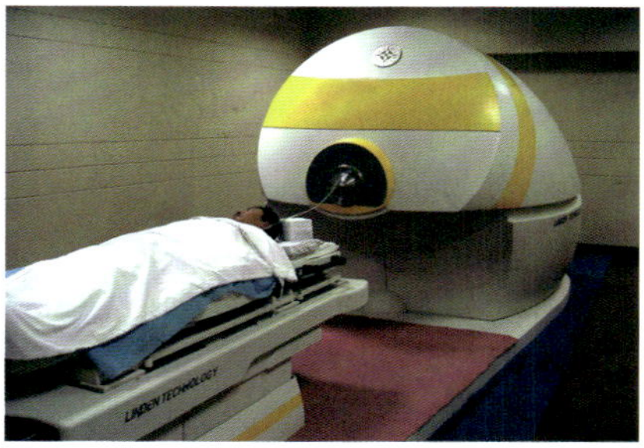

图 8–3　照射治疗

医生让你吸一口气，屏住呼吸，“咔嚓”一声，拍下一张 X 光片子，所受的剂量为 0.2 ~ 0.3 毫希沃特。如果做胃部钡餐造影，让你先喝下一杯白糊糊的硫酸钡，然后给你透视观察，受到的剂量为 5 ~ 15 毫希沃特。要是让你的身体转来转去，透视的时间更长，受到的辐照剂量就更大了。据报道，工业化国家的人均医疗照射剂量为 1.1 毫希沃特，世界平均水平为 0.3 毫希沃特。尽管医疗照射受到的辐射剂量较大，但它对诊断和治疗疾病有好处，这是正当的行动。人们不会因噎废食，为避免辐射照射而拒绝做这种诊治。实际上，国内外所发生的急性放射性的伤害主要是放射源事故，如放射源被盗、丢失、辐射装置误操作等引起的。巴西曾发生过一起废源事故，一个强放射性铯源被当废品处理，废品商无知，把它打开，商人女儿（6 岁）还将一部分放射性铯涂在身上，跳舞给全家看。这次事故造成 240 人受到辐照，4 人死亡，为清除放射性污染花费数十亿美元。现在，国际上非常重视放射源的管理，我国也采取了许多措施加强放射源的管理。2005 年，国务院发布了《放射性同位素与射线装置安全和防护条例》（国务院令第 449 号）。

3. 核电站带来的辐射不到天然本底照射的百分之一

核能的开发利用和同位素的生产，制造了大量人工放射性核素，加速器、X 光机和核爆炸试验也产生了许多人工辐射，从而也增加了人类受到的辐射剂量。自从核武器禁试条约签订以来，核爆炸落下灰的放射性水平已经大大降低了。图 8–4 展示了人们在生活中所受到的辐射照射。

乘飞机每小时
0.005 毫希沃特

每天看两小时电视
每年 0.01 毫希沃特

每天吸烟 20 支
每年 0.5 毫希沃特

X 光检查
每次 0.2 ~ 2 毫希沃特

图 8–4　生活中的辐照

核电站是大型核设施，反应堆堆芯的燃料元件，经过裂变反应，产生了大量放射性核素。但是，这些放射性核素都包封在燃料元件棒中，由于多重屏障的纵深防御体系和严格科学的管理，核电站工作人员所受辐射剂量是很低的，核电站周围公众增加的剂量只在几个微希沃特水平，不到天然本底照射的百分之一。我国秦山核电基地已有 7 座反应堆在运行。最早建的一座已运行 20 多年，秦山核电基地带来的辐射剂量率小于 10 微希沃特 / 年， 而秦山地区天然本底辐照为 2.4 毫希沃特 / 年，核电带来的辐射不到天然本底辐射的 0.5%。

第二章　辐射可以灵敏和准确地探测

1. 辐射有灵敏可靠的仪表探测

辐射分为电离辐射和非电离辐射。电视塔、微波炉等所产生的电磁辐射属于非电离辐射。核辐射为电离辐射，电离辐射包括 α 射线，β 射线，γ 射线，X 射线，中子和其他粒子束。

虽然辐射是无色无味、无声无嗅、看不见、摸不着的东西，但有非常灵敏的仪器可以探测它。射线探测器是所有探测仪器中灵敏度最高的仪器。市场上有很多探测仪器供应（见图 8–5），可满足个人剂量监测、场所辐射监测、环境监测和流出物监测等各种不同的需要。

核工厂、核电站内部，装有许多监测探头，监测场所的辐射强度、空气中所含放射性气体或尘埃、排出的废气或废水中的放射性浓度。一旦出现异常，中央控制室就会发出报警，告诉值班人员，采取应对措施。在核电厂以外几千米甚至几十千米范围内，也设有许多辐射监测点，和核设施内一样，进行着严密的监控。此外，还有监测车、监测船和飞机航测做流动巡回监测，取样分析空气、水、土壤中的放射性浓度，以及粮食、牛奶和海产品中的放射性水平。

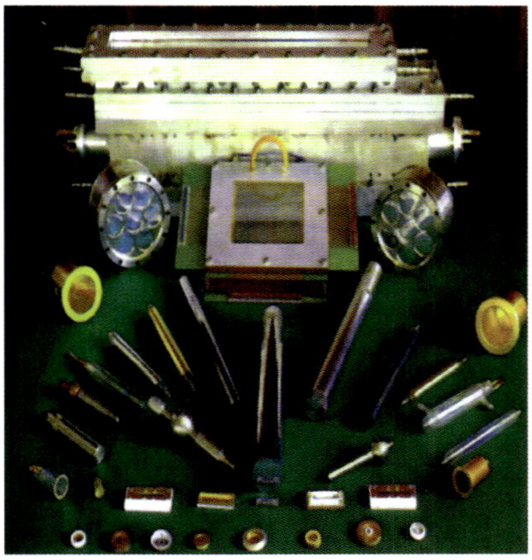

图 8–5　各种辐射探测仪表

2. 随身携带剂量计

工作人员或者参观者进入放射性场所，宇航员进入太空，都要佩带辐射剂量计。个人剂量计可以测量 γ、β、X 射线或者中子剂量。个人剂量计有佩带在胸前的躯干剂量计，有佩带在手指、足部的肢端剂量计。进行介入治疗的医生，需要测量操作时手部的受照剂量。肢端剂量计可测出医务人员为病人治疗时自己所受的照射。

个人剂量计有胶片剂量计、热释光剂量计、光致荧光剂量计、电子剂量计、袖珍式直读剂量计（剂量笔）等（见图 8–6），它们有的可同时指示辐射剂量率和累积剂量。有“千里眼、顺风耳、照妖镜”保驾，所以射线并不是暗箭难防的东西。

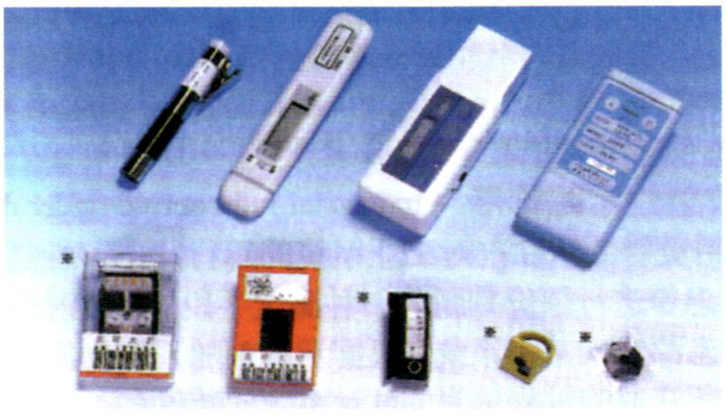

图 8–6　几种个人剂量计

3. 遇到险情就会报警

放射性工作场所，是根据体外照射辐射水平、空气中放射性污染水平和潜在照射情况进行分区的，通常分为监督区和控制区，用不同颜色作标志（见表

8–1)。橙区和红区是污染和辐射水平高的地方,这些区域的进出是严格受控的,通过刷卡或输入密码才能打开门。放射性工作场所设置卫生闸门,正确布置厂房和工作场所气流、人流和物流的合理走向,避免交叉污染。

表 8–1　放射性工作场所分区

区域	颜色标志	主要工作	放射性水平
监督区	绿色	运行监控、分析、走道、卫生闸门	很弱—弱
控制区	橙色 红色	放射性检修区 放射性设备	弱—强 强—很强

进入放射性区域的人员要穿戴防护衣具(比进入 SARS 病房更严格)。出来的时候,要在出口处进行放射性污染监测检查(见图 8–7)。如果有放射性污染,监测装置就会迅速地发出尖锐的鸣叫声,管理人员就会及时赶来作处理,不让污染扩散和散布到外面去。

在核设施厂房内,设置有许多探测器,一旦发生异常情况,辐射水平升高,中央控制台就会出现报警,值班人员就能及时作出处理。

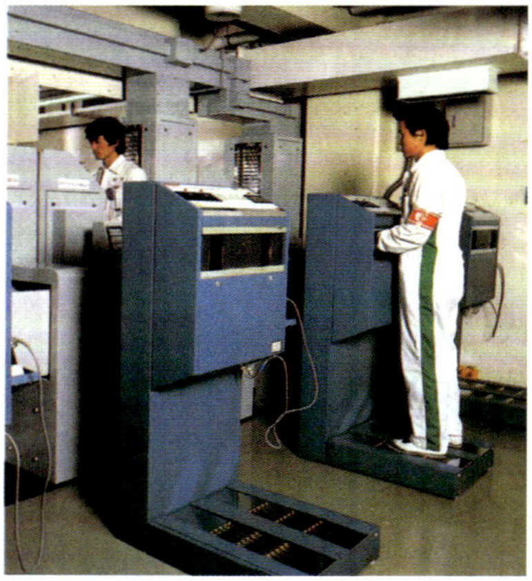

图 8–7　核设施出口处做放射性污染检查

第三章　避免和减轻照射有可靠的安全防护措施

电离辐射会对人体造成伤害,但是如果采取适当的防护和正确的操作,完全可以做到安全、无害地开发利用核科学技术。

前面已经讲过,电离辐射包括 α, β, γ, X射线和中子等。α 射线是

高速氦粒子流，带正电，质量大，射程短，一张纸就可以挡住。β 射线是高速电子流，带负电，质量小，一般可用几毫米厚的金属铝片挡住。γ 射线是能量很高的光子，不带电，穿透力强，要用很厚的混凝土墙才能挡住它（见图 8–8）。中子是质量与氢原子相近的粒子流，不带电，穿透力很强。X射线和 γ 射线性质差不多，但产生的机制不同，γ 射线是核衰变释放出来的，X射线则是高速电子轰击金属靶等过程产生的。就电离本领而言，α 射线最强，β 射线次之，γ 射线的电离能力最弱。

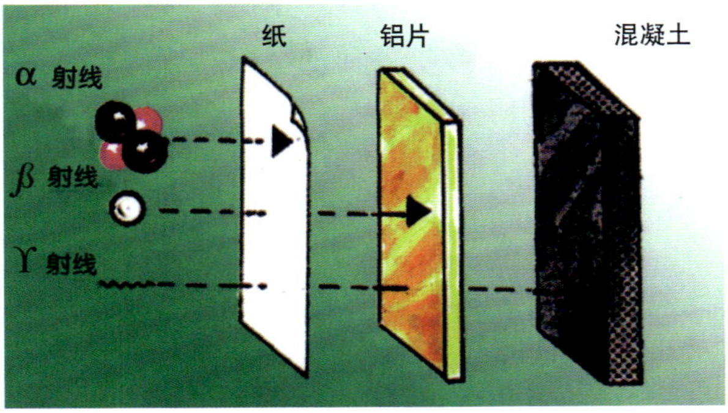

图 8–8　三种射线的不同穿透能力

1. 外照射可阻挡

体外照射源对人体的照射，称为外照射。外照射的防护方法有：1）时间防护法，减少受照时间；2）距离防护法，增大与辐射源之间的距离；3）屏蔽层防护法，在辐射源与人体之间加入可以隔离电离辐射的物质，把电离辐射屏蔽起来等三种方法。对于屏蔽层防护，可用铅砖、铸铁、混凝土作屏蔽体。中子辐射则要采用低密度物质如石蜡、水箱作屏蔽。

工程师根据辐射类型和强度，设计了有足够安全系数的屏蔽层。为了不影响观察操作情况，人们采用铅玻璃作窥视窗。钴源房平时把钴源藏在深井中，使用时提升起来，为了防止人员误进入，设计了迷宫式连锁控制措施。对于操作强放射性物质，人们采用热室，用机械手或机器人遥控操作与检修活动。图 8–9 展示了工作人员在热室前面用机械手在进行操作。图 8–10 示出遥控操作设备在堆放放射性废物桶。图 8–11 示出工作人员遥控操作退役的拆卸活动。

图 8-9　工作人员在操作热室机械手

（左）工作人员遥控操作，（右）退役的拆卸活动

图 8-10　遥控操作堆放废物桶

图 8-11　遥控操作退役的拆卸活动

2. *内照射有设防*

内照射是进入体内的放射性核素产生的照射。控制内照射的基本原则是防止或减少放射性物质进入体内。放射性核素吸入、食入或通过伤口、皮肤渗透作用进入体内，由于射线对细胞的电离作用引起的伤害大，α 射线的内照射损害是最大的。内照射以吸入途径可能性最大，所以通风降低空气中的放射性浓度，是十分重要的措施。必要时，要采用密封手套箱，在手套箱中进行操作，甚至让整个房间或设备保持负压。这样，只能让外面的空气进到里面去，里面产生的放射性气体、气溶胶不会跑到外面来。如果空气中气溶胶浓度比较高，就要求戴呼吸保护器，或者要穿戴防护气衣，呼吸用的空气由输气管送入气衣，必要时，要经过多级过滤，气衣内保持正压，防止作业场所 α 气溶胶进入气衣内部。图 8-12 展示工作人员在穿气衣，图 8-13 展示的是穿着气衣的人在进行 α 放射性操作。

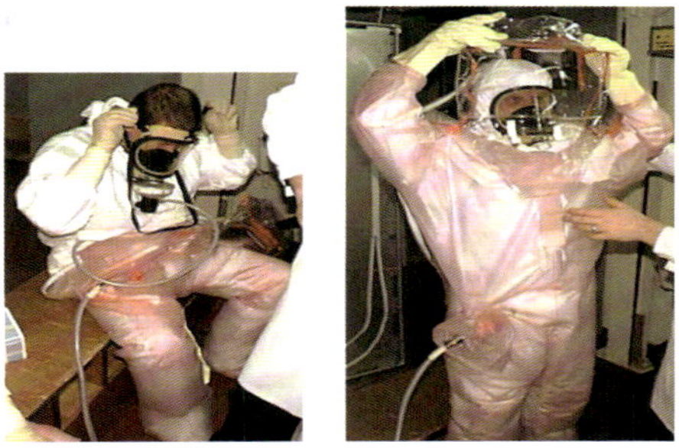

图 8–12　工作人员在穿气衣

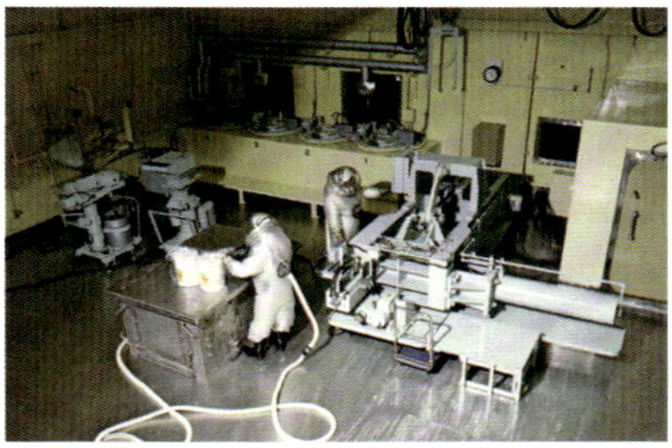

图 8–13　穿着气衣的人在操作

3. 电离辐射标志和警示标志

电离辐射标志与警告，全世界有统一的标志（见图 8–14 和图 8–15），这是保护公众和避免与减少事故的措施。2007 年国际原子能机构和国际标准化组织（ISO）联合发布启用了一个新增加的辐射防护与安全的警告启示标志（见图 8–16），告诫人们留意和远离意外放射性伤害。

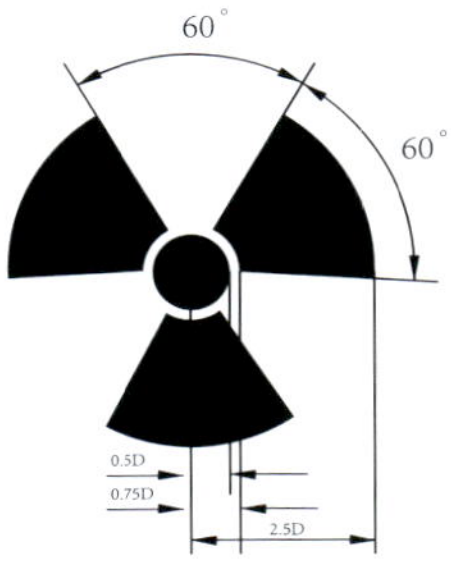

图 8–14　电离辐射标志

图 8–15　电离辐射警告标志

图 8–16　新增的电离辐射防护与安全警示标志

4. 辐射防护执行三原则

辐射防护已建立世界共识的基本原则：实践正当性、辐射防护最优化和剂量限值。

实践正当性是指进行任何伴有辐射照射的实践之前都必须作出判断，确认所获得的对社会的整体利益，要超过所付出的代价（包括经济、健康、环境、心理和社会影响）。

辐射防护最优化，要求在考虑经济和社会因素条件下，所有辐射照射都应保持在可合理达到的尽量低的水平。

个人剂量限值是辐射所造成的剂量不超过国家审管部门规定的限值（剂量限制原则）。

我国的辐射防护也是遵循和执行着这三原则。

第四章　辐射防护受到最大重视

人们所进行的任何生产实践活动，带来利益的同时，可能均伴随着某些负面效应，这种负面效应就是危害（伤、残、病、死）作用。问题是利大于弊，还是弊大于利，是否能被公众所接受。

1. 辐射对人体有哪些伤害

前面说过，人类一直生活在天然辐射环境中，因此人体对辐射是有一定适应性和恢复能力的。但是，辐射会不同程度地伤害人体的健康。对辐射“无所谓”的态度和麻痹思想都是不允许的。辐射的生物效应有两大类：躯体效应和遗传效应。躯体效应是对受照人体本身的效应，如皮肤烧伤、白血病、甲状腺癌和致死等；遗传效应是受照人的遗传基因发生变异，影响下一代的健康。目前国际上公认的辐射生物效应如表 8-2 所示。

表 8–2 辐射的生物效应

一次受照剂量	对人体的影响
小于 100 毫希沃特	无影响
100 ~ 250 毫希沃特	观察不到临床反应
250 ~ 500 毫希沃特	可能引起血液变化，但无严重伤害
500 ~ 1000 毫希沃特	血液发生变化，且有一定损伤，但无倦怠感
1000 ~ 2000 毫希沃特	损伤，可能发生轻度急性放射病，容易治愈
2000 ~ 4000 毫希沃特	明显损伤，能引起中度急性放射病，能够治愈
4000 ~ 5000 毫希沃特	能引起重度急性放射病，虽经治疗但受照者 50% 可能在 30 天内死亡，其余 50% 能恢复
大于 6000 毫希沃特	引起严重放射病，可能致死

由表 8–2 可以看出，人体一次受到 250 毫希沃特以下的照射不会发生损伤，所以天然辐射、医疗照射和核工业厂矿、核电厂正常运行的辐射照射，对人体的健康是不会有影响的。

2. 坚持严格控制 强调安全第一

辐射是物质固有的特性，任何放射性元素都在自发地发射某种射线。辐射防护要把人类核活动的辐射危害降低到可合理达到的尽量低的水平（即 ALARA 原则），防止确定性效应的发生，降低随机性效应的发生率。核工业对辐射防护高度重视。图 8–17 展示工作人员在检测运输的放射性废物。

图 8–17 工作人员在检测运输的放射性废物

19 世纪末 20 世纪初，由于人们对放射性缺乏认识，像贝可勒尔、居里夫人等科学家都遭受了辐射的伤害。但是，人们很快就认识和重视了这个问题。1928

年就成立了国际放射学会(即国际 X 射线和镭防护委员会)。1950 年经过改组，更名为国际放射防护委员会（ICRP),会聚了世界上许多优秀的辐射防护专家，致力于研究辐射防护问题。因此，可以毫不夸张地说，人们对辐射及其效应的研究与了解，比其他有害物质要深入得多。现在，已制定出了辐射剂量的世界统一标准，即

放射性工作人员　　≤ 20 毫希沃特 / 年

公　众　　≤ 1 毫希沃特 / 年

对公众的剂量限值，相当于 10^{-6} ~ 10^{-5} 危险度。雷击引起死亡的危险度约为 3×10^{-6}，在生活中，没有人担心哪一天雷击会打死自己，所以忧心忡忡，担心辐射的伤害是不必要的。图 8–18 展示了人们在核电站旁海滨休闲和游泳。

图 8–18　人们在核电站旁海滨休闲和游泳

3. 辐射防护实行法制管理

为了保护人类和其他生物的健康，保护环境和生态平衡，世界各国对辐射防护实行法制管理，规定了许多限值，如表面污染限值、表面剂量率限值、豁免值等（见表 8–3)。表 8–4 列出了常用单位及其换算方法。

表 8–3 国际通用限值举例

表面污染限值	表面剂量率限值	豁免值
β，γ 和低毒 α 发射体 4 Bq /cm^2	外表面 2 mSv/h	公众中个人有效剂量 10 μSv/a
其他 α 发射体 0.4 Bq /cm^2	1 m 远处 0.1 mSv/h	公众集体剂量 1 人 · Sv/a

表 8–4 常用单位及其换算

名 称	新 单 位	旧 单 位	换 算 关 系
[放射性]活度	贝可［勒尔］(Bq)	居里（Ci）	1 Ci=3.7×10^{10} Bq
照射量	库仑 / 千克（C/kg）	伦琴 (R)	1 R = 2.58×10^{-4} C/kg
吸收剂量	戈［瑞］(Gy)	拉德 (rad)	1 Gy=100 rad
剂量当量	希［沃特］(Sv)	雷姆 (rem)	1 Sv=100 rem

我国在 1960 年就颁布了第一个辐射防护标准《放射工作卫生防护暂行规定》。1974 年颁布了《放射防护规定》(GBJ–74)。后来颁布了《放射卫生防护基本标准》(GB 4792–84）和《辐射防护规定》(GB 8703–88)。2002 年，我国颁发了《电离辐射防护和辐射源安全基本标准》(GB 18871–2002)。2003 年 10 月 1 日我国开始实施《放射性污染防治法》。

我国辐射防护接纳国际权威机构的建议和意见，结合我国实情，采用国际先进标准，建立和健全管理监督机构，实行许可证制度、人员培训上岗制度、事故报告和应急计划制度等一系列措施。这些措施，在科学上是有依据的，在经济上是合理的，在技术上是可以实现的，因此也是行之有效的，可以确保辐射的安全防护。图 8–19 展示了各种放射性检测设备设置在核设施场区的周围。

图 8–19　核设施场区设置着各种放射性检测设备

4. 提高核安全文化

世界核安全事故分析表明，核事故尽管有设计或设备方面的原因，但人的失误和违章操作是主要原因。核能界人士对此作了深刻反思和总结。国际原子能机构在总结切尔诺贝利特大事故人为因素基础上提出了核安全文化。现在核安全文化已得到全世界普遍推广和应用。

核安全文化贯彻以人为本，要求从事核安全相关活动的全体工作人员有自觉精神和责任心，有高警惕性和反应能力，有丰富专业知识和解决问题的能力，履行所有安全职责。

核安全文化要求管理者起主导作用，领导以身作则，带动群众，使得“安全第一、质量第一”深入人心，人人关注安全，时时注意安全，事事将安全放在第一位，安全绩效不断提高。

附录一 原子能大事记

1895 年 伦琴发现 X 射线

1896 年 贝可勒尔发现放射性

1897 年 汤姆逊发现电子

1898 年 居里夫妇研究放射线发现元素钋

1902 年 居里夫妇从沥青铀矿中提炼出镭盐，证实发现镭元素

1905 年 爱因斯坦提出狭义相对论；1916 年提出广义相对论

1911 年 卢瑟福提出有核原子结构模型

1919 年 卢瑟福实现人工核反应

1923 年 康普顿发现康普顿效应

1932 年 查德威克发现中子

1934 年 约里奥－居里夫妇实现核反应生产人工放射性核素

1938 年 哈恩和斯特拉斯曼发现核裂变现象

1939 年 玻尔提出核裂变理论

1939 年 爱因斯坦等向美国总统罗斯福建议制造原子弹，美国实施曼哈顿计划

1940 年 西博格等发现钚

1942 年 费米实现链式反应，世界上第一座核反应堆在美国芝加哥启动

1944 年 西博格人工合成超铀元素

1945 年 美国成功制造三颗原子弹，一颗在美国做试验，两颗投在日本（1945 年 8 月 6 日，在广岛投下铀－235 装料原子弹；1945 年 8 月 9 日，在长崎投下钚－239 装料原子弹。）

1946 年 世界上第一座实验快堆在美国建成

1946 年 钱三强、何泽慧夫妇发现铀核三分裂、四分裂现象

附录一　原子能大事记

1952 年 美国爆炸世界上第一个热核装置

1954 年 世界上第一座试验核电站在苏联奥布宁斯克启动

1955 年 中国决策发展原子能，创建中国原子能工业（1955 年 1 月 15 日）

1955 年 世界上第一艘核潜艇满功率运行加入美海军舰队

1956 年 杨振宁、李政道发现弱相互作用下宇称不守恒

1957 年 国际原子能机构成立

1958 年 中国第一座反应堆和第一台加速器在原子能研究所建成

1959 年 王淦昌等发现反西格马负超子

1959 年 世界上第一艘水面核动力舰艇——“列宁”号原子破冰船下水试航

1964 年 中国成功实现第一次原子弹爆炸（1964 年 10 月 16 日）

1967 年 中国成功实现第一次氢弹爆炸（1967 年 6 月 17 日）

1974 年 中国第一艘鱼雷攻击型核潜艇航行试验成功，正式编入海军部队（1974 年 8 月 1 日）

1974 年 丁肇中发现 J 粒子

1977 年 美国宣布研制成功中子弹

1979 年 美国三哩岛核电站 2 号机组发生严重事故（INES 5 级事故）（1979 年 3 月 28 日）

1986 年 苏联切尔诺贝利核电站 4 号机组发生特大核事故（INES 7 级事故）（1986 年 4 月 26 日）

1991 年 中国第一座自行设计和建造的核电厂（秦山一期）并网发电（1991 年 12 月 15 日）

1999 年 中共中央、国务院、中央军委表彰“两弹一星”功勋，其中有于敏、王淦昌、邓稼先、朱光亚、吴自良、陈能宽、周光召、钱三强、郭永怀、程开甲、彭桓武等 11 位核科技专家被授勋

2011 年 日本福岛第一核电厂发生特大核事故（INES 7 级事故）（2011 年 3 月 11 日）

NOBEL PRIZE

附录二　介绍几位核领域的诺贝尔奖得主

[按语]

诺贝尔科学奖被世人认为是最有权威、最有影响、世界级的科学大奖。诺贝尔奖表彰原创性和奠基性的重要科学发现、重大理论创新、重大技术创新以及实验方法和仪器的重大发明。它为推动世界科技进步和社会发展起了积极作用。

100 多年来，在 28 个国家中共有 573 人次（2014 年 10 月底统计数字），获得了诺贝尔物理奖、化学奖和生理学医学奖，其中：

物理奖：198 人次，化学奖：168 人次，生理学医学奖：207 人次。

在诺贝尔科学奖得主中，核科技领域的科学家约占诺贝尔奖总人次的七分之一，他们涉及核理论、核结构、放射性、核衰变、核裂变、基本粒子、核反应、同位素及其应用和核仪器设备等。这向世人表明，核科技领域是有发展前景的领域，是充满机遇的领域，是人才辈出的领域。

在诺贝尔科学奖得主中，已有多名华裔科学家。现在，虽然还没有中国本土的科学家登上诺贝尔奖科学奖的领奖台，但是这一天已在向我们走近。大家记得，旧中国被人称为“东亚病夫”，1984 年，洛杉矶奥运会上，中国运动员实现了奥运会金牌“零”的突破，2000 年悉尼奥运会，中国成了金牌数世界第三的国家。2004 年雅典奥运会、2012 年伦敦奥运会，中国金牌数都为世界第二，2008 年北京奥运会，中国金牌数荣居世界第一。多么迅猛的发展速度，多么令人骄傲的成绩！让我们以“两弹一星”精神，以奥运健儿的速度攀登世界科学高峰和奔向诺贝尔科学奖领奖台。

这里我们仅向读者介绍核科学技术中的 18 位诺贝尔奖得主，他们是：

1. 发现放射性的贝可勒尔
2. 杰出女科学家玛丽·居里
3. 居里夫人的丈夫皮埃尔·居里
4. 发现电子的汤姆逊
5. 第一个实现人工核反应的卢瑟福
6. 20 世纪杰出的科学家爱因斯坦
7. 提出核结构理论的玻尔
8. “康普顿效应”发现人——康普顿
9. 发现中子的查德威克
10. 实现核反应生产人工放射性核素的伊伦·约里奥－居里
11. 实现自持链式反应的费米
12. 发现核裂变现象的哈恩
13. 发现 10 个超铀核素的西博格
14. 推翻宇称守恒定律的华裔学者杨振宁
15. 另一位推翻宇称守恒定律的华裔学者李政道
16. 发现 J 粒子的华裔学者丁肇中
17. 发明用激光冷却和俘获原子的华裔学者朱棣文

安托万·亨利·贝可勒尔
（Antoine Henri Becquerel）
1852—1908
法国物理学家
1903 年获诺贝尔物理学奖

贝可勒尔于 1852 年 12 月 15 日出生于法国巴黎的一个知识分子家庭，祖父、父亲都是物理学家。贝可勒尔自幼受到科学熏陶，天资聪慧，刻苦好学。虽然家境优裕，但是生活俭朴，有进取精神。

贝可勒尔 1872 年进入法国工业大学，1877 年取得工程师资格，1892 年成为物理学教授，1899 年当选为科学院院士。贝可勒尔锐意进取，勤奋学习和工作，在日常的生活中除了去教室，就是进实验室。在实验室里度过了无数个日日夜夜。

1894 年，得知伦琴发现 X 射线的消息之后，长期从事磷光和荧光物质研究的贝可勒尔，希望找到 X 射线与荧光物质之间有什么关系，研究荧光物质是否也产生 X 射线。他用黑纸包住一张底片，使光线透不进去，黑纸外面放着一块硫酸铀酰钾晶体。贝可勒尔想，在阳光照射下，铀盐发出荧光，同时发出 X 射线，底片就会感光。但是，不巧得很，有一次实验的四天都是阴天，贝可勒尔只好将实验的纸包和铀盐放在抽屉里。四天之后，当他准备继续实验的时候，发现底片感光了。这一现象与他原来设想的不一样。他没有坚持原来的想法，继续试验，要探个究竟。经过多次反复试验，贝可勒尔证实，这既不是荧光，也不是 X 射线，而是硫酸铀酰钾本身发出的射线，使照相底片感了光。贝可勒尔称这是“铀射线”。1896 年，贝可勒尔成为第一个发现天然放射现象和发现铀原子自发蜕变的人。贝可勒尔也是第一个用乳胶照相检测射线的人。

1903 年，贝可勒尔和皮埃尔·居里夫妇一起获得了诺贝尔物理奖。

玛丽·居里
（Marie Curie）
1867—1934
波兰裔法国物理学家、化学家
1903 年获诺贝尔物理学奖
1911 年获诺贝尔化学奖

玛丽·居里是欧洲第一位女博士，是巴黎大学第一位女教授，是世界上第一位获诺贝尔奖的女科学家，世界上第一个两次诺贝尔奖获得者，居里家庭也是世界上惟一的两代五人获得六个诺贝尔奖的家庭（她本人获诺贝尔奖两次，她丈夫一次，她长女一次，她长女婿一次，她次女婿获诺贝尔和平奖一次）。

玛丽于 1867 年 11 月 7 日出生于波兰华沙，在兄弟姐妹中排行第五，父母都是教师。家里人口多，收入低。玛丽 6 岁时，父亲被解职，11 岁丧母。家庭接二连三地陷入困境，但困难磨炼了玛丽。

玛丽是个好奇心强，记忆力过人的孩子，从小酷爱学习，在班上年龄最小，个子最矮，但成绩最好。从小学到中学，玛丽的各科成绩总是名列第一，但她不喜欢人家的夸奖和赞扬。

玛丽以极其优异的成绩中学毕业，获金质奖章。当时由于波兰受沙俄统治和家庭贫困，中学毕业后八年中当了 6 年家庭教师。后来她通过不懈努力，终于实现了上大学的愿望，考进了巴黎大学。在巴黎，她像许多穷学生一样，生活十分清苦，课余时间要干些杂活挣点零钱。由于长时间的营养不良和劳累，玛丽得了严重的贫血病，但是她不顾这些，仍然把全部精力投入到了学习和科学实验中去。她上课总是到得最早，坐在第一排。晚上图书馆关门了，她回到自己的小阁楼里，还在煤油灯下继续学习。就是这样奋发地学习，入大学后两年，就以优异的成绩取得了物理和数学学位。

1895 年，玛丽与皮埃尔结婚。只是一个十分简朴的婚礼和骑着自行车去度了蜜月之后，两人就共同开始了从沥青铀矿中提取镭的艰苦工作。结婚两年后，玛丽怀孕了，产后刚复原，就又投入紧张而又艰苦的试验工作。他们揭示铀原子放出射线之后，还发现钍和铀一样也放出射线。1898 年，玛丽和她的丈夫从大量沥青铀矿提纯中，发现了一种新元素。玛丽热爱自己的祖国，把发现的新元素命名为“钋”，以示对祖国波兰的纪念。“钋”元素发现之后，又从沥青铀矿中发现了另一个新元素“镭”。为了提取镭，她和丈夫皮埃尔从 4 吨沥青铀矿中，花了 1 400 天时间，提取出了 0.1 克氯化镭。1903 年，她和丈夫一起获得了诺贝尔物理学奖。

1906 年 4 月 19 日丈夫皮埃尔不幸遇车祸身亡。她抑制住悲痛，用加倍工作寄托对亲人的哀思，完成其未竟之业。她除了在巴黎大学做教授工作外，还要抚育两个女儿和照料 97 岁的老公公。1910 年她写出了《放射性通论》，1934 年完成《论放射性》。

1911 年玛丽·居里获诺贝尔化学奖。

居里夫妇发现镭后，他们放弃了专利权，放弃了享受舒适物质生活的待遇，选择公开他们的研究成果。玛丽·居里功成名就之后，依然淡泊名利，坚持为科学和正义而斗争。她把获得的奖金几乎全部资助了穷人和有困难的科学家。第一次世界大战爆发后，她英勇投入反侵略战斗，她赶制了许多 X 射线设备，装在汽车上，去为治疗伤员服务。年近 50 的玛丽，还亲自驾着汽车去前线为伤员作透视。战士们亲切地叫这 X 光车为“小居里”。玛丽·居里为人类谱写了一首永恒的生命赞歌，为我们青年、为我们女同胞、为广大科技工作者树立了光辉的榜样。

皮埃尔·居里
（Pierre Curie）
1859—1906
法国物理学家
1903 年获诺贝尔物理学奖

皮埃尔·居里出生于巴黎的一个医生家庭里，在家里度过了童年，没有进过小学和中学。皮埃尔接受父母的家庭教育，父亲为他安排学习计划和课程。皮埃尔想象力十分丰富，记忆力超群，一教就会。父亲非常喜欢他，鼓励他多方面学习，常常让他到乡下去郊游，培养他对事物的观察力。在父亲的教育下，皮埃尔从小就立下了要做一个科学家的雄心大志。

皮埃尔 16 岁获学士学位，18 岁获硕士学位，19 岁到巴黎大学理学院做助教。

1894 年他认识了从波兰来巴黎上大学的女学生玛丽，他们一见钟情。虽然当时皮埃尔在科学上已经很有成就，但收入低微，鼓不起勇气向玛丽求婚，他在给玛丽的信中写道“我俩终身同伴，以谋科学及人类之福利，何其伟大”，这封求婚书和玛丽情投意合。1895 年 7 月，他们举行了一个十分简朴的婚礼，没有请牧师，没有找律师，他们对饮了一杯葡萄酒，便骑着自行车下乡度蜜月去了。

蜜月归来，夫妻双双就钻进实验室做实验。他们的实验室是一个简陋的窝棚。夏天闷热，秋天潮湿，冬天冷得冻手冻脚。

他们做实验需要买沥青铀矿，用光了存款，变卖了所有值钱的东西，还借了债。为买化验药品，皮埃尔差点没写卖身契。

他们做沥青铀矿的提炼没有实验室，好不容易才得到了一个长期不用的木棚作工作室。木棚里只有两张旧桌子，一只破炉子和一块小黑板。在几乎无助的情况下，他们夫妇二人分工合作，皮埃尔主要研究镭的特性，玛丽主要做提纯工作。在一个大缸里，在不断搅拌下，一次溶解20千克沥青铀矿。不分白昼黑夜，他们不停地工作着。苍天不负苦心人，1902年，经过1 400个日日夜夜的辛勤劳动，将4吨沥青铀矿经过溶解、沉淀、结晶，提炼出了0.1克氯化镭，那宝贝在黑暗中闪现出蓝光，他们高兴得流出了眼泪。

1903年，诺贝尔物理学奖授予了居里夫妇（皮埃尔和玛丽）与贝可勒尔。崇高荣誉到来后，居里夫妇家门庭若市，无休的招待会和宴会令他们应接不暇。但居里夫妇不慕虚荣、不图钱财，不满足于所取得的成就，他们深居简出，继续做实验，又开始了新的战斗。好友们劝他们去申请专利，因为镭可治疗癌症，可以获得巨大的财富。但是居里夫妇拒绝这样做，他们把它无偿贡献给了人类。

1906年，一场车祸夺去了年仅47岁的科学巨匠皮埃尔·居里的宝贵生命，但是他的贡献和精神永垂不朽。

约瑟夫·约翰·汤姆逊
(Joseph John Thomson)
1856—1940
英国物理学家
1906 年获诺贝尔物理学奖

汤姆逊于 1856 年 12 月 18 日生于英国，父亲是一个书商兼出版家。汤姆逊从小就专心好学，嗜好读书，整天泡在书摊上。

完成学业后，汤姆逊到卡文迪许实验室工作。虽然他的动手能力很差，但他有发现仪器毛病的天才，后来成了一个伟大的实验物理学家。

汤姆逊在真空管通电发光实验中，发现了电子，并测定了其电荷和质量。汤姆逊还发现了氖的一个稳定同位素。汤姆逊因气体放电理论和传导，荣获 1906 年诺贝尔物理学奖。

汤姆逊在 1897 年发现电子，这是划时代的成就之一。但是电子的发现没有被人们立即接受，因此在给汤姆逊授诺贝尔奖时，没有提到他发现电子的成就。

过去人们认为原子是物质组成的最小单元，原子是不可分割的。汤姆逊打破了原子不可分割的观念。汤姆逊发现电子后，提出了第一个原子结构模型，即原子的“西瓜模型”，把电子看成西瓜中的西瓜子。

电子是人类发现的第一个基本粒子，汤姆逊被誉为“最先打开通向基本粒子物理学大门的科学家”。

汤姆逊诲人不倦，他创建了现代实验室，造就培养了一大批杰出科学家，其中包括 8 位诺贝尔奖得主。

欧内斯特·卢瑟福
（Ernest Rutherford）
1871—1937
英国物理学家
1908 年获诺贝尔化学奖

卢瑟福于 1871 年 8 月 30 日生于新西兰，父亲是一个农民工匠，母亲是一位乡村教师。卢瑟福从小受到勤俭创业的熏陶。

1882 年，卢瑟福就以优异的学习成绩获得学校奖学金。中学毕业后他在经济十分困难的情况下进入学院深造，依靠奖学金生活和学习。1892 年获硕士学位，1893 年以物理和数学双第一名获双硕士学位。

1895 年考取大英博览会奖学金，进卡文迪什实验室深造。

卢瑟福热爱科学研究，在科学上有许多重大成就。

卢瑟福提出了放射性元素衰变理论，因而荣获 1908 年诺贝尔化学奖。卢瑟福是一个物理学家，但他确实又是一个出色的化学家，他荣获诺贝尔化学奖也实属必然。

卢瑟福用 α 粒子轰击一块金箔，发现大多数 α 粒子穿箔而去，只有很少部分粒子被反射回来。因此他认为，原子不是实心的，原子中存在着一个核，它只占原子的很小的一部分。

卢瑟福否定了他的老师汤姆逊的原子的“西瓜模型”，1911 年提出了原子有核的“行星模型”。

1919 年，卢瑟福用 α 粒子做轰击实验，又有了重大发现。他用 α 粒子轰击氮原子核产生质子，同时氮原子核转变成氧原子核，首次实现了人工原子核嬗变。

卢瑟福成就卓著，名扬世界，被聘为英、法、德、俄、意等 28 个国家的国外科学院院士和重要学术团体的院士、荣誉会员、荣誉院士、通讯院士。卢瑟福荣获了 23 个名誉博士、6 个学术奖章和 1 个勋章。

卢瑟福重视培养人才，名师出高徒，他培养出了 11 名诺贝尔奖得主。

阿尔伯特·爱因斯坦
（Albert Einstein）
1879—1955
德裔美国物理学家
1921 年获诺贝尔物理学奖

爱因斯坦于 1879 年 3 月 14 日生于德国多瑙河畔一个犹太人家庭里。爱因斯坦是个天才,有人想，大脑袋的爱因斯坦的大脑和遗传基因有特殊,其实,他和其他人没有什么不同。爱因斯坦幼年时有些迟钝，3 岁时还不会说话，小学老师还说过他“笨”。但是，爱因斯坦与他人不同之处是爱动脑筋，凡事要问个为什么，喜欢追根问底，找出答案来，这是他成功的秘诀之一。

爱因斯坦对学习有广泛的兴趣和强烈的求知欲，他特别爱好数学，数学成绩全班第一。十四五岁时他自学高等数学，懂得了微积分。1896 年考入瑞士苏黎世联邦工业大学，他不满足于教科书上的知识，制定了课外自学计划，博览群书。他渐渐爱上了物理学，立志要成为一名物理学家。

爱因斯坦大学毕业后，因为犹太人受歧视，两年没找到正式工作。后来在一家专利局当小职员，生活的困境没有影响爱因斯坦钻研科学。为了用正确的哲学思想指导科学研究，他读了不少哲学著作。他常常用 4 个小时的时间，干完 8 个小时的工作，腾出时间来学习和做研究。

1905 年，年仅 26 岁的爱因斯坦利用业余时间就在《物理年鉴》上发表了五篇重要科学论文，论及光电效应、布朗运动和狭义相对论学。他用量子论解释了光电效应，提出了光的量子概念。他提出了质量—能量相互转换关系式（$E=mc^2$）。

爱因斯坦在狭义相对论提出之后，花了十年时间精心研究，1916 年提出了广义相对论。爱因斯坦的相对论当时许多科学家不理解，存在着巨大分歧和激烈争论。1921 年，爱因斯坦是以他的光电效应的贡献而被授予诺贝尔物理学奖的。

爱因斯坦反对别人对他歌功颂德，他不爱金钱和地位，只爱科学。他善于抓住普通原理中的一些模糊或错误概念去深入研究和揭示事物本质。在攀登科学高峰的道路上他意志顽强，不屈不挠。他坚持真理，不迷信权威，敢向传统旧观念挑战。

爱因斯坦不仅是一位杰出的科学家，还是一位伸张正义的和平战士。第一次世界大战期间，他主持起草了《告欧洲人民书》，坚决反对德国的侵略行径。在希特勒统治下，被抄家，被没收财产，被焚毁著作，他被迫离乡背井。1932 年离开德国到美国，1933 年定居美国。第二次世界大战期间，为防止德国抢先制造成功原子弹，1939 年他联合一批科学家上书美国总统罗斯福，建议发展核武器。美国总统采纳了这个建议。1945 年，美国把原子弹投掷在日本广岛和长崎，给人民带来了灾难之后，他站出来反对用核武器伤害人类，呼吁对核武器进行国际控制。

1952 年，以色列政府请他担任第二总统，他拒绝了这份高官厚禄。他说他所期望的不是别的，而是全力以赴地献身于一种美好事业。

爱因斯坦是现代物理学的开创者和奠基人。爱因斯坦的想象力之丰富和学识之博大精深，在同时代科学家中是无与伦比的。爱因斯坦是 20 世纪最杰出的物理学家，有人称他为“20 世纪的牛顿”。爱因斯坦为社会发展和人类进步作出了杰出贡献。周恩来总理曾作过这样的评述：犹太民族出过两个伟大人物，一个是马克思，一个是爱因斯坦。

尼耳斯·玻尔
（Niels Bohr）
1885—1962
丹麦物理学家
1922 年获诺贝尔物理学奖

玻尔于 1885 年 10 月 7 日生于丹麦，出生在一个有文化素养的家庭里。家庭充满着宽松、自由却不放纵的健康气氛。玻尔从小得到父亲的精心培养。他大胆而谨慎，理解力和批判力都很强。他语言和笔头笨拙，但思维敏捷活跃。在高中的时候，就能指出中学物理课本中的错误来。大学一年级的时候他能指出参加聚会的哲学教授著的教材中的一些错误。

玻尔在 1912 年到英国曼彻斯特卢瑟福身边工作，成为卢瑟福的学生，深受卢瑟福的器重。

汤姆逊提出了第一个原子结构模型，他认为原子像一个“西瓜”，电子就是西瓜中的瓜子。瓜子均匀分布在西瓜瓤中，而西瓜瓤是带正电物质。原子里的正负电量相等，所以原子呈中性。卢瑟福否定了他的老师汤姆逊的“西瓜模型”。卢瑟福认为原子里有一个像太阳一样带正电的核，而电子像行星绕太阳旋转一样在运动。但是卢瑟福的模型无法解释电子为什么能够永远转动。因为卢瑟福模型同经典电磁学理论存在着尖锐的矛盾，许多现象不能被解释，所以遭到许多人的反对。作为卢瑟福学生的玻尔，支持老师的“行星模型”的观点，但他将普朗克量子论引入了卢瑟福的“行星模型”，提出了氢原子结构和氢光谱初步理论。1913 年，玻尔提出了量子化的原子模型“原子量子说”，1922 年玻尔获诺贝尔物理学奖。1936 年，玻尔提出了原子核结构的复合核理论（液滴模型）。1939 年，玻尔和惠勒共同提出了重核裂变的液滴模型理论。

玻尔在 28 岁成名之后，谢绝许多国家的重金高聘，毅然回到人口不足

500 万的祖国，除继续从事他的科学研究之外，他还努力促进国际学术交流和人材培养。他创建的哥本哈根理论物理研究所，吸引了世界上许多著名学者到那里去学习、工作或进行学术讨论。哥本哈根理论物理研究所被人们称为物理学家的“圣地”，玻尔被誉为“科学国际化之父”。

阿瑟·荷里·康普顿
（Arthur Holly Comptom）
1892—1962
美国物理学家
1927年获诺贝尔物理学奖

康普顿于1892年9月10日出生于美国俄亥俄州，父亲是神学院哲学博士，父母经常与教徒们往来，做传教工作，这使他从小接触了许多人士，锻炼了他的交际和组织能力。康普顿家庭十分重视孩子教育，康普顿的一个哥哥担任过华盛顿大学校长，另一位哥哥担任过麻省理工学院院长，兄长对他成材影响很大。康普顿从小就勤奋好学，刻苦钻研，善于提出问题，对发明创造有着特殊兴趣。幼年就有志于研究原子核结构，不愿继承父业去当牧师。1916年从普林斯顿大学获博士学位后，赴英国剑桥深造。在汤姆逊、卢瑟福等名师指导下工作，学术水平日益提高。

1920年，康普顿被聘为华盛顿大学教授。1923年，他从光子和原子核外的电子碰撞实验中发现了弹性散射现象——“康普顿效应”。1927年，年仅35岁的康普顿获得诺贝尔物理学奖。康普顿效应也被中国物理学家吴有训所发现，所以这一物理效应也称康普顿－吴有训效应。

康普顿不仅是著名物理学家，也是一位有杰出组织才能的科学家。第二次世界大战爆发后，为了抢先于德国法西斯造出原子弹，以爱因斯坦为首的一批物理学家联名写信给美国总统罗斯福建议研制原子弹，罗斯福接受了这个建议后，美国开展了“曼哈顿工程”。康普顿担任“冶金计划”的负责人。为了抢时间，康普顿同时开展四个方案研究制备原子弹的装料，终于在极短时间内用气体扩散法成功获得了原子弹的铀－235装料。康普顿引进了流亡来美的意大利科学家费米，在芝加哥大学建成了世界上第一座反应堆，实现了人类历史上第一次自持链式反应。之后，他把工作重心从提取铀－235转到制造钚－239。1945年7月16日美国成功爆炸了世界上第一颗原子弹。美国后来把原子弹投放到了日本的广岛和长崎。康普顿对用原子弹杀害无辜平民感到十分遗憾，他认为“让原子能为人类的进步和文明多多造福，这才是我们研究和生产原子能的目的”。

詹姆斯·查德威克
(James Chadwick)
1891—1974
英国物理学家
1935年获诺贝尔物理学奖

查德威克1891年10月20日生于英国曼彻斯特。中学毕业后，1908年进入曼彻斯特大学。1911年以优异成绩大学毕业。1911—1913年在卢瑟福指导下攻读硕士学位，从事放射性研究。第一次世界大战爆发后，他被关进了平民俘虏营。战争结束后，查德威克获得了自由，1919年他获得剑桥大学奖学金，开始从事α粒子轰击靶件的人工衰变现象研究，1920年他通过α粒子散射所作的绝对测量，第一次测定了原子核的电荷。

查德威克在英国剑桥与卢瑟福密切合作，取得了重要成果。

α粒子轰击铍靶的时候产生了一种未知射线，这种射线穿透力极强，它是γ射线吗？能量为什么那么高？很多人没有解开这个谜。查德威克做了精心的实验设计，还做了大量的研究，他以实验室为家，废寝忘食地做实验。1932年，查德威克不受传统习惯的束缚，根据自己的实验结果，大胆地提出原子内存在着一种不带电荷的新粒子，取名为“中子”。查德威克从理论分析和实验两方面断定了中子的存在，中子的发现获得科学家的公认。中子的发现，一是解决了原子核结构问题，二是为原子能的利用开辟了道路。中子轰击铀核发生裂变，释放出大量能量，因此，可以说发现中子是找到了打开原子能大门的金钥匙。

1939至1940年冬，他在英国进行了原子弹早期研究。1943年，他率领英国技术专家组赴美国，参加美国制造原子弹的“曼哈顿工程”。他对“曼哈顿工程”作出了重要的贡献，1946年荣获美国总统颁发的奖章。

查德威克的卓越成就，使他获得了很多的荣誉和奖章。1945年受英国女王伊丽莎白二世封爵。查德威克鄙视名利，反对别人对他歌功颂德。退休以后，他还致力于科学研究工作，不但兼任英国原子能研究委员会主席职务，还主持剑桥大学现代物理研究中心的工作。

伊伦·约里奥－居里
（Irène Joliot-Curie）
1897—1956
法国物理化学家
1935 年获诺贝尔化学奖

伊伦·约里奥－居里于 1897 年 9 月 12 日出生在巴黎。她的父亲皮埃尔·居里和母亲玛丽·居里都是诺贝尔奖获得者，伊伦出生在这样一个高智商者家庭，从小就受到科学的陶冶。伊伦在父母爱抚中出生，在爱抚中长大。有人说，伊伦是从小玩着父母的诺贝尔奖牌长大的，当伊伦的母亲第二次被授予诺贝尔奖的时候，伊伦跟着她的母亲一起登上了领奖台。伊伦从小体弱多病，妈妈格外疼爱她。9 岁的时候，父亲不幸车祸身亡，她唯恐母亲也发生什么不幸，常常陪妈妈去实验室，伴在母亲身旁，经常为妈妈当助手，也正是这样，她渐渐对化学发生了浓厚的兴趣。

伊伦从小就受到父母的良好教育，不畏艰险，不过奢侈生活，不依赖父母的名望和财富。伊伦热爱祖国，反对战争。第一次世界大战期间，因为她年龄还小，不能像妈妈一样去前线服务，她在后方也积极利用 X 射线为伤员作检查，为反战做出自己的贡献。她决心走父母的道路，致力于放射性研究。

1933 年，伊伦和她的丈夫费雷德里克·约里奥发现了人工放射性，第一次人工制造出了放射性核素。约里奥－居里夫妇用天然放射性元素钋发出的 α 射线轰击铝，发现铝不停地放出电子，原来因为铝转变成了另一种新的放射性核素磷－30。磷－30 是第一个人工放射性核素。约里奥－居里夫妇因发明人工制造放射性同位素技术和放射学、核裂变方面的成就，荣获 1935 年诺贝尔化学奖。

伊伦怀着对母亲和对科学真挚的爱，坚定不移地前进，终于在 24 年后走上了诺贝尔奖的领奖台，领回了属于她自己的诺贝尔奖牌，从科学界的“公主”成了科学界的“女王”。伊伦与约里奥培养了不少优秀科学家。我国“两弹一星”功臣钱三强和知名放射化学家杨承宗都是他们的学生。

约里奥－居里是杰出科学家，他曾经是法国科学院院长，也是杰出的国际和平战士。在杨承宗准备离开法国回中国的时候，约里奥约见杨承宗，请他转告毛泽东主席：“你们要反对原子弹，你们就必须有原子弹。”

恩里科·费米
(Enrico Fermi)
1901—1954
意籍美国物理学家
1938 年获诺贝尔物理学奖

费米于 1901 年 9 月 29 日出生于意大利罗马。父亲是一位铁路行政雇员，母亲是一位教师。费米从小被寄养在乳母家里，12 岁接回罗马。费米自幼爱读书、爱动脑，是一个模范学生，各门功课成绩优异。中学时，费米的学习范围就已远远超出了学校规定的内容。17 岁时，高中学生的费米掌握的物理知识不低于大学研究生。课余他常制作仪器进行实验。

1922 年，费米获比萨大学博士学位，以后在德国、荷兰留学，1924 年回到意大利。1938 年费米因利用中子辐照发现新放射性元素及慢中子核反应而获诺贝尔物理学奖。

当时，意大利正走向法西斯化，大肆迫害犹太人。费米的夫人是犹太人，费米利用去斯德哥尔摩领诺贝尔奖的机会逃离意大利。费米在美国得到康普顿的器重，参加了“曼哈顿工程”。在康普顿等科学家的举荐下，费米承担建造世界上第一座原子反应堆的重任。费米用了三个星期的时间，在芝加哥大学斯塔格运动场看台下的网球场上用石墨块、金属铀和二氧化铀砌成了一个庞然大物（称为 Pile，是“堆”的意思，以后反应堆的称呼就来源于此），中间插着吸收中子的镉控制棒。

1942 年 12 月 2 日在费米的指导下，开始抽出镉控制棒，每抽出 15 厘米，费米根据测量数据进行一次计算。直到最后一根控制棒往外抽出 30 厘米的时候，反应堆达到了临界，实现了人类历史上第一次受控自持链式反应。康普顿用暗语向美国国防委员会报告“意大利水手（指费米）已登上了新大陆”。

1945 年 7 月费米参加了第一次原子弹试验。费米被美国总统任命为临时原子能委员会首席顾问。1946 年，费米被聘为芝加哥大学核研究所教授。在那里建立研究生院，培养了一批杰出的科学家和诺贝尔奖得主。

奥托·哈恩
（Otto Hahn）
1879—1968
德国物理化学家
1944 年获诺贝尔化学奖

哈恩于1879年3月8日生于德国法兰克福商业世家。哈恩年幼时体弱多病，14 岁后才强壮起来。他喜欢科学实验，偏爱化学，曾在家里的洗衣房里建造了实验室。

1897 年哈恩进入大学，1901 年获化学博士学位。1904 年到伦敦，1905 年转到加拿大，1906 年回到柏林。1910 年任柏林大学教授，开始了与奥地利物理学家丽丝·迈特纳长达 30 年的合作。

1936—1938 年，哈恩和迈特纳一起研究用中子轰击钍和铀所得到的产物。1938 年哈恩与斯特拉斯曼研究中子轰击铀所形成的一种产物，不是原先设想的镭的同位素，而是类似于钡的物质。1939 年他们报道了这一发现。哈恩大胆提出了铀核受中子轰击分裂成两块差不多相等部分碎片的设想。后来，他又用实验证实了这个假设。核分裂的发现是十分惊人的事情，在全世界化学家与物理学家中引起了极大的轰动。哈恩与斯特拉斯曼一起带头研究了重核裂变所形成的许多产物。

哈恩与斯特拉斯曼因发现重核裂变反应，获得了 1944 年诺贝尔化学奖。

重核裂变现象的发现，可被用来制造原子弹。第二次世界大战期间，他竭尽全力，不使德国制造原子弹，他发表文章，强烈表示他的发现不应当用于军事目的。1957 年 4 月，哈恩和其他 17 位联邦德国核物理学家宣布，他们拒绝以任何方式进行合作，发展原子武器。他支持世界舆论敦促结束原子弹试验。

1948—1960 年，哈恩担任马克斯·普朗克学会主席，1959 年荣获柏林科学院赫尔姆茨奖章。1966 年他和迈特纳、斯特拉斯曼一起被授予费米勋章。

格林·西奥多·西博格
(Glenn Theodore Seaborg)
1912—1999
美国核化学家
1951年获诺贝尔化学奖

西博格于1912年4月19日生于美国密执安一个采矿小镇里，家境贫困，10岁才上小学，课余要到高尔夫球场当捡球童，挣钱贴补家用。1925年进入洛杉矶一所中学，他深感学习机会来之不易，学习十分刻苦，成绩总是名列前茅，是全校第一名优等生。西博格对物理和化学有着浓厚的兴趣。

1929年，西博格考进加利福尼亚大学，为筹措学习和生活费用，他边上大学边打工。大学毕业后，他留校当助教。在强烈的求知欲激励下，他读兼职研究生，用了不到两年时间，1937年获得了加利福尼亚大学伯克利分校化学博士学位。西博格获博士学位后，留校从事天然放射性元素研究工作，后来转为研究人造放射性元素。

西博格努力工作，刻苦钻研。在加利福尼亚大学期间，他的才能和对科学研究认真的态度受到名师路易斯的赏识，不久被任命为化学院的主任，成为路易斯的助手和合作者，他们在一起发表了许多重要论文。

从1939年起，西博格和他的同事们一起研究超铀元素。1940年他们利用加速器加速的粒子轰击铀获得了两个新元素镎和钚。钚是原子弹原料，这一发现当时轰动了整个化学界。1942年，由于研制原子弹的需要，美国原子能委员会聘他担任冶金实验室化学分析主任。他在世界上首次提取出1克钚。1945年西博格被任命为加利福尼亚大学教授。

西博格为美国制造原子弹立下了汗马功劳，他被聘任为全美原子能委员会九委员之一。从1961年起，连续10年担任了美国原子能委员会主席一职。

西博格和他的助手们总共发现了 10 个超铀元素。1944 年提出了著名的“锕系”概念。他带领他的同事们建立了从反应堆乏燃料中分离铀、钚的萃取流程，在实验研究的基础上，实现了工业生产，提供了美国在长崎投掷的钚弹的装料。西博格参与了“曼哈顿工程”，但他极力反对用原子弹杀伤平民。他为钚 -238 制造核电池，为许多放射性同位素用于医学、工农业和科研作出了贡献。

1951 年他和他的同事麦克米伦一起荣获诺贝尔化学奖。

西博格的辉煌成就和崇高威望使他当选为美国化学学会主席、美国科学促进协会主席、美国科学院院士，接受了 50 个荣誉博士学位，担任了 8 个国家荣誉院士。天上有一颗小行星以他的名字来命名。1991 年西博格获得美国国家科学勋章。

西博格曾于 1973 年和 1978 年两次访华，与中国科技工作者进行了广泛而深入的交流，为促进中美两国科学交流作出了贡献。

杨振宁
1922—
华裔美国物理学家
1957年获诺贝尔物理学奖

杨振宁于1922年9月22日出生在安徽合肥。父亲留学美国，获数学博士后回国，先后在厦门大学、清华大学任教。在父母的教育和熏陶下，杨振宁从小奋发上进，爱好数学和物理。

抗战爆发以后，安徽沦陷，杨振宁辗转到了湖南长沙和云南昆明。在西南联合大学求学时，吴大猷教授十分喜欢杨振宁的独立思考学风和解决问题的能力。吴大猷教授指导他的大学毕业论文，王竹溪教授指导他的硕士论文。1942年杨振宁获物理学学士学位，1945年获硕士学位。杨振宁天资极高，加上他勤奋好学，为以后的发展打下了坚实基础。

杨振宁1945年考上公费留学，到美国读博士学位。在芝加哥大学先跟费米教授做实验方面的研究。后来根据自己擅长理论工作的特点，转到美国“氢弹之父”特勒（Teller）教授名下做理论研究，1948年获博士学位。

杨振宁在近代理论物理领域作出了卓越贡献，1948年发表了《杨氏角分布定理》，1949年同费米一起提出了基本粒子结构模型（费米—杨模型）。杨振宁同李政道合作，发现了β放射性粒子的弱相互作用宇称不守恒，该发现被美籍中国物理学家吴健雄实验所证实，推翻了过去在物理学界被奉为金科玉律的宇称守恒观念，促进了基本粒子理论的发展。1957年，杨振宁与李政道一起荣获爱因斯坦物理学奖，同年又共同荣获诺贝尔物理学奖。杨振宁—密耳斯规范场理论为现代规范场理论奠定了基础，不少科学家认为杨振宁这项成果应使他再登上诺贝尔领奖台。

杨振宁和李政道是首次登上诺贝尔奖台的华裔科学家。杨振宁说“我一生中最大的贡献就是帮助中国人克服了认为自己不如别人的心理”。杨振宁在诺贝尔奖晚宴的演说中，叙述了自己的求学过程，向世人展示了中国的百年苦难历史和自强不息的奋斗精神。

杨振宁多次回国，受到毛泽东主席和周恩来总理接见，他为祖国的科技教育、中美关系发展和中外科技文化交流作了重要贡献。杨振宁于 2003 年 12 月归居北京清华大学。

李政道
1926—
华裔美国物理学家
1957年获诺贝尔物理学奖

李政道1926年11月25日出生于上海一个知识分子家庭。兄妹六人，李政道排行老三，都学有专长。父母对他们的教育十分尽心和严格。李政道自幼对数学和物理有独特爱好。从小学到中学，学习成绩总是名列前茅。高中三年级的时候，学校让他给低年级同学教数学和物理，这位“小先生”教得非常出色。

1943年，李政道以同等学历资格考入迁到贵州的浙江大学。当时的浙江大学，条件很差，老师学生们过着非常艰苦的生活。物理实验室在破庙里，教室和宿舍在会馆里，很拥挤，难以找到一个读书的地方。后来他发现茶馆里有桌子、有座位，正好读书。李政道下课之后便到茶馆里去读书。泡一杯茶买下一个座位，在那里读上一天书。他专心读书，不受茶馆里的喧哗干扰，李政道成了“茶馆里的大学生”。

日本侵略军侵入贵州后，浙江大学停办。李政道转入西南联合大学（简称西南联大）。西南联大是抗战时期由北京大学、清华大学、南开大学在云南昆明组成的一所联合大学，那里聚集了中国一批优秀的教授和学生。西南联大条件仍然很艰苦，十几个人住一间小草房子，过几天就要把被单放到大锅里去煮，来杀臭虫。李政道还是经常要到茶馆里去读书。

1946年，年仅19岁的大学三年级的李政道经吴大猷教授推荐到美国去深造。他从昆明到上海，后坐轮船赴美国。大学还未毕业的李政道进入了芝加哥大学攻读博士学位。在诺贝尔奖得主费米研究所里，在费米的指导下作研究。1950年李政道获得博士学位。

获博士学位后，李政道到伯克利加利福尼亚大学任研究员，1951 年转到哥伦比亚大学，1955 年任副教授，1956 年任教授。

李政道和杨振宁在芝加哥大学时就经常一起讨论物理问题。他们一起研究推翻宇称守恒定律的普遍适用性，揭示了弱相互作用下宇称不守恒。由于他们的突破性研究成果及由此而导致的基本粒子物理学中许多重要发现，1957 年李政道和杨振宁共同荣获爱因斯坦物理学奖，同年两人共同荣获诺贝尔物理学奖。当时李政道年仅 31 岁，在诺贝尔奖得主中，他是第二位最年轻的科学家。

李政道虽然功成名就，但依然虚怀若谷，坚持努力工作和学习，三四点钟起床工作，不以为奇，不以为苦。他教导年轻朋友要走自己的路，要做开创性工作，向新领域进军。他利用国际科学基金，在中国成立了“中国高等科学技术中心”和“北京近代物理中心”。

李政道走上诺贝尔奖台领奖的时候还持着中国护照。普林斯顿大学校长曾这样说过：“这位青年学者的辉煌成就，证明人类高度智慧阶层中，东方人和西方人具有完全相同的创造力。”

丁肇中
1936—
华裔美国物理学家
1976年获诺贝尔物理奖

丁肇中 1936 年 1 月 27 日出生。祖籍山东日照，从小受爱国主义和革命思想熏陶。祖父追随孙中山先生，在日本参加同盟会。外祖父在日本留学，加入同盟会，后来惨遭敌人杀害。丁肇中父母在美国留学时生下丁肇中，当时他父亲已回国，刚满两个月的他随母亲回到了祖国。丁肇中幼年正是日本强盗侵略中国的时候，他随父母辗转安徽、江苏、湖北、四川，过着动荡不安的流亡生活。1948 年，丁肇中 12 岁那年全家搬迁台湾。

丁肇中专心读书，非常珍惜时间，学习成绩在班中首屈一指。1956 年他赴美留学，用三年时间完成了四年学习课程，获得数学和物理两个学士学位。两年后，拿到了博士学位。

丁肇中曾师从吴健雄和杨振宁做核物理研究。

1974 年，丁肇中研究新粒子，在美国布鲁克海文实验室的同步加速器上测量高能质子打击铍靶产生正负电子对撞的有效质量谱时，发现了 J 粒子。丁肇中在布鲁克海文实验室进行了异常艰苦的工作，正如他自己所作的比喻：“在雨季的时候，一秒钟之内也许要降下千千万万的雨滴，如果其中的一滴雨有着不同的颜色，我们就必须找出那滴雨”，4 个月辛苦工作后奇迹出现了，他发现了一个重量比质子重 3 倍的新粒子，命名为 J 粒子。丁肇中因此获得了诺贝尔物理学奖。

1976 年，在瑞典诺贝尔奖授奖仪式前，丁肇中要求用中华民族的语言——汉语作演讲。他说：“我是中国人，需要用汉语发表演说。”经过他的坚持，主席同意了他的获奖演说先用中文，后用英文。在他简短的中文讲演中，表达了他对科学的真知灼见，也表达了他对中华民族和对祖国母亲的深情。

朱棣文

1948—

华裔美国物理学家

1997年获诺贝尔物理学奖

朱棣文祖籍江苏省太仓县，父亲朱汝瑾1943年留学美国，后来在美国结婚成家。1948年2月，朱棣文出生于美国密苏里州圣路易斯。

朱棣文从小兴趣广泛，喜欢体育运动，小时候喜欢摆弄动手，如制造飞机和军舰模型等，后来，他的兴趣扩展到化学实验。

朱棣文到了大学二年级上物理课后，对物理产生了浓厚的兴趣，很想成为一名理论物理学家。1970年，他进入加州大学伯克利大学分校。1976年获加州大学伯克利分校物理学博士学位。1978年春天，朱棣文进入了著名的贝尔实验室工作。在贝尔实验室里，开始了他真正的物理实验生涯。

1983年秋天，朱棣文成为量子电子学研究部主任，研究利用激光冷却和俘获原子。此项实验过去有人做过，但未获成功，4年前就停止了。朱棣文分析了前人失败的原因，在不倦努力下，获得了成功。朱棣文利用互相垂直的三对激光束，在其交会区域内使原子受到六束驻波场的作用而形成对原子运动的黏滞性约束，这种光束安排称为“光学黏胶”。利用“光学黏胶”可有效地将微量气体束敷在一定的空间，大大地降低了气体原子的运动速度，为进一步冷却原子使之更接近绝对零度奠定了基础。朱棣文1977年和他的同事因发明激光冷却和俘获原子方法荣获1997年诺贝尔物理学奖。

在获诺贝尔物理学奖的第二天，朱棣文在记者招待会上说：“按照科学术语的说法，我身上100%是中国人的基因”，这表明朱棣文对祖国怀有深厚的感情。朱棣文2009年来华时访问过清华大学、天津大学，2010年来华时访过上海同济大学，为促进中美科技交流做出了贡献。

朱棣文 1993 年任美国科学院院士，2009 年任美国能源部部长，1998 年当选为中国科学院外籍院士。

附录三　荣获“两弹一星功勋奖章”的核科技功臣

[按语]

中国是世界上最大的文明古国，历史上出现过祖冲之、李时珍、詹天佑、李四光、华罗庚等无数功绩卓著的科学家和发明家。

近几十年来，为发展核科学技术，特别是为了打破少数大国的核垄断，在研制原子弹、氢弹的高科技攻坚战中，涌现出了许许多多“热爱祖国、无私奉献，自力更生、艰苦奋斗，大力协同、勇于登攀”的科学家。

1999 年 9 月 18 日，中共中央、国务院、中央军委表彰研制“两弹一星”作出特殊贡献的 23 位科技专家。核科技工业系统受到表彰并获得“两弹一星功勋奖章”的有 11 位功臣。他们中多数在抗日战争时期为科学救国而渡洋留学。新中国成立后，他们放弃国外的优厚条件，冲破重重障碍，回来报效祖国。他们中也有我们国家自己培养的科学家。获得“两弹一星功勋奖章”的功臣们有着共同的特点，就是热爱祖国、热爱科学、执著敬业、求真唯实、不畏艰难险阻、不计较个人得失，在科学上取得了重大成就，在事业上为国家作出了重大贡献。

这里我们简要介绍（以姓氏笔画为序）于敏、王淦昌、邓稼先、朱光亚、吴自良、陈能宽、周光召、钱三强、郭永怀、程开甲、彭桓武等 11 位获得“两弹一星功勋奖章”的核功臣。让我们以他们为榜样，奋力拼搏，为祖国的繁荣富强建功立业。

于　敏
1926—
河北宁河人
核物理学家
中国科学院院士

于敏于1926年8月16日出生于河北省宁河县，父亲是一位小职员。于敏在少年时代，就崇拜岳飞、文天祥、戚继光等民族英雄。在教会学校读书时，就萌发了“科技救国”思想。于敏7岁上小学，在天津上中学。1944年考取北京大学工学院，1946年转入理学院念物理。从小学到大学，功课一直名列前茅。1949年本科毕业后在张宗遂、胡宁教授的指导下读研究生。1951年到中国科学院近代物理研究所（中国原子能科学研究院前身）从事原子核理论研究工作。

1960年底于敏开始氢弹理论研究，1965年调入二机部第九研究院，历任理论部副主任，理论研究所副所长、所长，研究院副院长，科技委副主任，高级科学顾问等职。

于敏是我国氢弹理论研究的主要负责人之一。钱三强称他“填补了我国原子核理论的空白”。20世纪60年代初，诺贝尔奖得主、核物理学家玻尔访华时，称于敏是“一个出类拔萃的人”。于敏没有出国留过学，是我国自己培养出来的科学家。一个日本代表团访华时，称他为“中国的国产专家一号”。由于于敏从事的是氢弹研制绝密工作，不允许出国，直到1988年他的名字解密之后，他才第一次走出国门。

于敏在我国氢弹原理突破中解决了热核武器物理中一系列基础问题，提出了从原理到构型基本完整的设想，起到了关键作用。他在氢弹理论设计第一线，既是大小战役的指挥员，又是具体攻坚的战斗员。于敏为氢弹的理论研究、设计，解决了大量关键性的理论问题。氢弹理论是高度抽象的尖端科学，由于严格保密，要掌握它，只能靠自己去探索。于敏用深入浅出的语言将自己探索研究的结果传授给了青年同志。

从20世纪70年代起，在倡导、推动惯性约束聚变等高科技项目研究中，于敏发挥了重要作用。1982年于敏获国家自然科学奖一等奖。1985年、1987年和1989年各获一项国家科技进步特等奖。1985年荣获“五一劳动奖章”和“全国优秀科技工作者”的称号。1987年于敏荣获“全国劳动模范”称号。1992年获光华奖特等奖。1999年于敏被授予“两弹一星功勋奖章”。

王淦昌
1907—1998
江苏常熟人
核物理学家
中国科学院院士

王淦昌于1907年5月28日生于江苏常熟。父亲是当地有名的中医。王淦昌6岁进私塾读书两年，后转入小学。父母去世较早，小学毕业后在哥哥的帮助下到上海浦东中学读书。他是个穷学生，买个烧饼吃的零花钱都没有。他从小身体比较瘦弱，但读书很用功。1925年王淦昌考取清华大学，1929年清华大学毕业后留校，给吴有训教授当助手。

1930年，王淦昌考取柏林大学公费留学研究生，师从著名实验物理学家迈特纳。王淦昌4年留学期间埋头于实验室，经常工作到深夜。有时实验室关门了，就翻墙回宿舍。王淦昌求知欲十分强烈，不放过任何一次科学活动机会，经常去听讲演。由于他天资聪明，加上刻苦好学，研究生期间就已显示出非凡的科学见解和宽广的实验思路。

1934年王淦昌获博士学位后回到祖国，被聘任为山东大学、浙江大学物理学教授，1950年调到北京中国科学院近代物理研究所（中国原子能科学研究院前身）。1955年被选聘为中国科学院数理化学部的学部委员。1956年赴苏联杜布纳联合原子核研究所工作，1959年当选为联合原子核研究所副所长，1960年回到北京。

王淦昌对核物理学有许多重大贡献。1941年，他提出了验证中微子存在的实验方案。1953-1956年领导建立了云南宇宙线实验站，获得了大批奇异粒子实例，使我国宇宙射线研究进入当时国际先进行列。王淦昌在杜布纳联合原子核研究所工作期间，他领导的小组于1959年发现了反西格马负超子，这是世界上首次发现带电的负超子，它填补了粒子－反粒子表上的一个空白。此成果获得国家自然科学奖一等奖。王淦昌是世界激光惯性约束核聚变研究奠基人之一，1964年提出了激光打靶实现核聚变设想。1995年获首届何梁何利基金优秀奖。

王淦昌是我国核武器研制主要科学技术领导人之一，核武器研究实验工作的开拓者。他不仅参与了原子弹和氢弹原理突破及第一代核武器研制的实验研究与组织领导工作，而且在爆轰试验、固体炸药工艺研究和新型炸药高功率脉冲技术研究、核武器试验诊断等方面进行了奠基性研究，指导解决了一系列关键技术问题，还对地下核试验测试技术作出了贡献。1982年获国家自然科学奖一等奖，1985年获两项国家科技进步奖特等奖。1999年被授予“两弹一星功勋奖章”。

王淦昌关心和支持发展核电，关心我国科技进步，参与提出了国家“863计划”。王淦昌一心想着祖国，想着科学，想着未来，在科学领域里不断追求，不断探索。他自己生活十分俭朴，把获得的奖金和稿费用于建立基础教育奖励基金，鼓励孩子们好好学习。王淦昌杰出的科学贡献和高尚的思想品德，赢得了人们的尊重和爱戴，堪称一代师表。

邓稼先
1924—1986
安徽怀宁人
核物理学家
中国科学院学部委员

邓稼先于1924年出生于安徽怀宁的一个书香门第家庭。父亲留学日本，获早稻田大学博士，后到美国哥伦比亚大学任教。回国后先后在清华大学、北京大学、厦门大学任教授。父亲是一位爱国学者，邓稼先从小就受父亲科学和爱国思想的熏陶。

邓稼先在北平上小学和中学，热爱数理化，成绩优异。1941年考取西南联大，1945年西南联大毕业后到北京大学当物理助教。1948年考取公费留学美国，他刻苦攻读，两年完成三年的学习课程。1950年美国普度大学毕业后，谢绝导师高薪聘请去英国剑桥的机会，和王大衍、洪朝生等青年科学家乘船回国，决心把学到的知识报效祖国。回国后到中国科学院近代物理研究所（中国原子能科学研究院前身）工作。历任二机部第九研究所理论部主任，第九研究院副院长、院长，国防科工委科技委副主任，核工业部科技委副主任等职。

邓稼先1958年开始参加原子弹研制工作。隐姓埋名和家人分离，在大西北工作了28年，其中有10年是在戈壁大漠中度过的。他参与原子弹理论设计、加工组装和现场指挥与组织领导工作。

第一颗原子弹总体设计方案的确定是邓稼先签的字。第一颗原子弹爆炸之后，他率领研究人员迅速进入爆炸现场去采样。

邓稼先在第一颗原子弹爆炸成功之后，同于敏等人又投入了氢弹研究，按照“邓 — 于方案”制成了氢弹。邓稼先生前主持的中国32次核爆试验中，他亲自在现场指挥了15次。邓稼先不仅参与了理论设计、加工组装、爆炸试验的组织领导工作，还经常不顾生命危险，亲自去现场探查和排除故障。

邓稼先爱祖国、爱科学，为人忠诚、淳厚，关心他人。21 岁时便在学生运动中担任了北大教职工联合会主席。他为国争光，为中华民族制造“两弹”贡献了自己的一生，他领导开展了爆轰物理、流体力学、状态方程、中子输运等理论研究，对原子弹的物理过程进行了大量模拟计算和分析，为原子弹、氢弹的研制成功，作出了重要理论贡献和组织领导贡献。邓稼先 1982 年获国家自然科学奖一等奖，1985 年、1987 年、1989 年获国家科技进步奖特等奖 4 项，1986 年获全国劳动模范称号，1999 年被授予“两弹一星功勋奖章”。

朱光亚
1924—2011
湖北宜昌人
核物理学家
中国科学院院士
中国工程院院士

朱光亚1924年12月25日生于湖北宜昌。1945年毕业于西南联合大学物理系。1946年赴美国密执安大学从事实验核物理研究工作，1949年获物理学博士学位。1950年春他毅然回国，决心将知识和智慧奉献给祖国。回国后历任北京大学、东北人民大学副教授、教授，二机部原子能研究所研究员，核武器研究所副所长，核武器研究院副院长，国防科工委副主任，科技委副主任、主任等职。并曾任中国科学技术协会主席，中国工程院院长、党组书记，国务院学位委员会副主任，解放军总装备部科技委主任，中国科学技术协会名誉主席等职；并当选过全国政协副主席、党组成员，中共中央候补委员、中央委员。

1957年朱光亚调到原子能研究所任副主任，参与了由苏联援建的研究反应堆的建设和启动工作，从事核反应堆的研究工作，领导设计、建成轻水零功率装置，并开展了堆物理试验，跨出了中国自行设计、建造核反应堆的第一步。1959年7月，朱光亚调任二机部核武器研究所副所长，和邓稼先等科学家一起组织队伍进行研究攻关。

朱光亚是中国核武器研制的科学技术领导人，负责并领导中国原子弹、氢弹的研制工作。1962年主持编写的《原子弹装置科研、设计、制造与试验计划纲要及必须解决的关键问题》，对争取在两年内实现第一次原子弹爆炸试验的目标起了重要作用。朱光亚参与组织领导中国历次原子弹、氢弹的试验，为“两弹”技术突破及其武器化作出了重大贡献。

自20世纪70年代后，朱光亚参与组织我国核电站筹建和放射性同位素应用开发研究。80 年代后参与国家高技术研究发展计划（“863”计划）的制定与实施、以及国防科技发展战略研究工作。朱光亚为我国国防事业、为我国核能的和平利用与跟踪世界高技术的发展都作出了重大贡献。

朱光亚有虚怀若谷的博大胸怀，不谈自己只谈别人和集体，当选为全国政协副主席后，他经常说：“过奖了，要说做了一些工作，那是大家做的。我个人并没有什么值得称道的地方。”

朱光亚 1980 年当选为中国科学院学部委员，1994 年被选聘为中国工程院首批院士。朱光亚 1985 年获国家科技进步奖特等奖，1996 年获何梁何利基金科学与技术成绩奖，1999 年荣获“两弹一星功勋奖章”，2008 年获光华工程成就奖。

吴自良
1917—
浙江浦江人
物理冶金学家
中国科学院院士

吴自良于1917年12月25日出生于浙江浦江前吴村。幼年丧父，由母亲和兄、姐抚养长大。

吴自良小学毕业后，考上浙江省立第一中学读初中。乡下小学基础差，到省中之后，经过一个学期用功学习，成绩就上升到了年级第二名。初中毕业后，考取杭州高级中学。在那里他刻苦学习，认真钻研，为以后发展打下了良好基础。1935年，考取天津北洋大学工学院航空系。毕业后到云南中央飞机制造厂工作。1943年，吴自良赴美留学，在卡内基理工学院跟从名师读研究生。1948年获博士学位后留校读博士后。在国外他非常珍惜留学机会，刻苦学习，努力钻研。

新中国成立后，吴自良抱着发展祖国冶金科技事业的愿望，于1950年底取道香港，回到祖国。回国后，任唐山北方交大冶金系教授。1951年到中国科学院上海冶金陶瓷所任研究员，负责物理冶金研究工作。历任室主任、副所长、科技委主任等职。

吴自良研究领域广泛，完成了一项又一项国家急需的科研任务。他研究成功以锰、钼代铬的合金钢，对建立我国自己的合金钢系统起了开创作用。他在冶金方面发表的重要论文，在国际和国内有相当大的影响。

20世纪60年代初，我国研制原子弹，铀-235富集是关键技术。气体扩散法分离铀-235，需要一种特殊的扩散膜。1961年吴自良接受研制扩散膜的任务。历时三年多，在兄弟院所大力协作下，经过艰苦探索和反复试验，

1964 年试制成功并投入应用。吴自良作为这个项目的技术总负责人，作出了重大贡献。荣获 1984 年国家发明奖一等奖和 1985 年国家科技进步奖特等奖，1999 年被授予“两弹一星功勋奖章”。

吴自良孜孜不倦，献身于科学研究事业，不断开拓前进。“文化大革命”后他重返科研岗位，研究半导体、大规模集成电路材料、高温超导材料等。他热情指导研究生，积极培养中青年科技人才，被中国科学院评为优秀研究生导师。

陈能宽
1923—
湖南慈利人
金属物理学家
中国科学院院士

陈能宽于1923年5月生于湖南省慈利。

1939年陈能宽初中毕业，以最高分考取了有奖学金的长沙稚礼高中。1942年以优异成绩保送进唐山交通大学。1946年唐山交通大学矿冶系毕业，1947年考取出国留学，进入美国耶鲁大学。勤奋好学的陈能宽只用了三年时间，就获得了耶鲁大学硕士和博士学位。

1955年陈能宽回到祖国，任中国科学院应用物理研究所研究员兼室主任。

1960年夏，陈能宽调到二机部九院，历任实验部主任、副院长、科技委主任、科学顾问等职，1986年任核工业部科技委副主任，1988年兼任国防科工委科技委副主任。陈能宽在我国第一颗原子弹、氢弹及核武器的发展研制工作中，主要领导组织了核装置爆轰物理、炸药和装药物理化学、特殊材料及冶金、实验核物理等学科领域研究工作。陈能宽组织并参加了聚合爆轰波人工热核反应研究以及核装置球面同步起爆方案的制订和研究。陈能宽是核武器爆轰物理学的开拓者。1980年陈能宽当选为中国科学院院士。1982年获国家自然科学奖一等奖，1985年、1987年获国家科技进步奖特等奖，1993年获何梁何利科学技术进步奖。1999年被授予“两弹一星功勋奖章”。

陈能宽对事业执著追求，在“两弹”研制中，不论在青海高原的实验室里，还是在茫茫戈壁滩的试验场上，他废寝忘食，忘我工作。陈能宽思路开阔，善于思考。他知难而进，解决了一个又一个难题。陈能宽甘为人梯，热情培养青年科技人才，真是“倾心铸两弹，竭诚扶后生”。

周光召
1929—
湖南长沙人
理论物理学家
中国科学院院士

周光召于1929年5月15日出生于湖南长沙。

1951年清华大学物理系毕业，1954年北京大学理论物理专业研究生毕业，毕业后留校任教。

1957年周光召赴苏联莫斯科杜布纳联合原子核研究所工作。1961年回国后，历任二机部九院理论研究所副所长、所长，二机部九局总工程师，中国科学院理论物理研究所副所长、所长，中国科学院副院长、院长等职。

周光召1992年当选为中国科学院学部委员会执行主席。1996年当选为中国科协主席。历任全国人大常务委员会副委员长，国务院学位委员会副主任、国家科技领导小组成员等职。

周光召是著名理论物理学家，在粒子物理研究方面作出了重要贡献，是世界公认的赝矢量部分守恒定理的奠基人之一。

20世纪60年代初，周光召开始核武器理论研究工作，领导并参与了爆炸物理、辐射流体力学、高温高压物理、二维流体力学、中子物理等多领域的研究工作，为我国核武器的理论设计奠定了基础。

周光召做出了许多杰出的创造性成果，发表了许多有国际影响的论文。1982年周光召获国家自然科学奖一等奖，1985年获两项国家科技进步奖特等奖，1987年获中国科学院重大科技成果一等奖，1999年被授予“两弹一星功勋奖章”。

周光召的成就名扬四海，被美国纽约市立大学、香港中文大学、香港大学、加拿大麦吉尔大学授予荣誉博士。国际小行星命名委员会将第 3462 号小行星命名为“周光召星”。

周光召被聘为美国、俄罗斯、捷克、蒙古、保加利亚和罗马尼亚等国家科学院、欧洲科学院、第三世界科学院、法语区工程师科学院、韩国翰林院等 10 个国家和地区的科学院院士。

1993 年周光召被意大利政府授予“意大利共和国爵士勋章”，1994 年被香港求是科技基金会授予“中国杰出科学家”奖。

周光召十分重视和积极造就培养年轻人才，他谆谆教导青年科技工作者，要他们对科研工作执著追求，坚持不懈，要有创新精神，要“求真”和“唯实”。

钱三强
1913—1992
浙江湖州人
核物理学家
中国科学院院士

1913年10月16日钱三强生于浙江绍兴，出身于开明进步诗书世家。自幼受到良好教育和爱国思想的熏陶，具有强烈的爱国精神和正义感。大学时代，钱三强积极参加“一二·九”爱国学生运动。

1932年钱三强考取清华大学物理系。1936年大学毕业后，到北京研究院物理研究所工作。1937年考取公费留学法国。到巴黎大学镭学研究所，在约里奥-居里夫妇指导下从事原子核物理研究。他勤奋好学，成绩优秀，赢得同事们的尊敬和爱戴。1940年获博士学位。1948年，他和夫人何泽慧放弃国外优越的工作条件和优厚待遇，毅然回国，决心为祖国科学事业献身。

新中国成立后，钱三强以强烈的事业心组建中国科学院近代物理研究所（后改名为原子能研究所和中国原子能科学研究院），从1951年起任该所所长。他对事业执著追求，广招人才，甘为人梯，热心建设和培养队伍。在他的带领下，广大干部和科技人员团结一致，攻克了一个又一个难关，1958年我国第一座重水反应堆和第一台回旋加速器投入运行。钱三强以精湛的科学知识、远见卓识和杰出的组织才能，为我国原子能事业的创建和发展发挥了重要作用，是中国原子能事业的开拓者和奠基人之一。他选调优秀人材，组织联合攻关，为我国第一颗原子弹和氢弹的研制成功作出了重要贡献。1999年钱三强被授予“两弹一星功勋奖章”。

钱三强在法国期间，在原子核物理方面做出了许多一流成就。特别是1946年他和夫人何泽慧利用核乳胶研究铀核裂变，经过反复实验和上万次观测，发现了三分裂和四分裂现象，并对三分裂机制作了科学解释。约里奥－居里先生于 1947 年在巴黎举行的世界工作者协会会议上对此发现作了高度评价，他认为这是第二次世界大战后物理学上一项非常有意义的工作。钱三强曾荣任法国国家科研中心研究导师高职，荣获法兰西科学院嘉奖。1985 年法国总统签署文件授予钱三强法兰西荣誉军团军官勋章，褒奖他在法国取得的成就和为中法友好做出的贡献。

钱三强是中国科学院学部委员，曾任原子能研究所（现称中国原子能科学研究院）所长、二机部副部长、中国科学院副院长、中国科协副主席和名誉主席，七届全国政协常委等职。

钱三强不仅是一位杰出的科学家，还是一位著名的社会活动家，曾随同郭沫若、宋庆龄多次参加世界和平大会。当美国发动侵朝战争，使用细菌武器时，他不顾个人安危，参与国际科学调查委员会赴朝鲜和我国东北，调查美国细菌战事实，协同国际科学调查委员会，在保卫世界和平大会上向世界揭露和声讨侵略者的罪行，为世界和平事业作出了贡献。

郭永怀
1909—1968
山东省荣成人
空气动力学家
中国科学院学部委员

郭永怀于1909年4月4日生于山东荣成县的一个农民家里，从小放牛拾柴，因家境贫困，9岁才上小学。郭永怀读书用功，成绩拔尖。17岁以优异成绩考取青岛大学附中。初中毕业后，考取南开大学预科理工班。他十分珍惜这样的学习机会，奋发努力，1933年考入北京大学物理系，毕业后在著名光学专家饶毓泰教授名下当研究生和助手。抗战爆发后随校南迁到昆明西南联大学习。

1939年郭永怀考取公费留学，进入加拿大多伦多大学，只用半年时间就取得了数学硕士学位。

1941年郭永怀到美国加州理工学院研究可压缩流体力学，1945年获博士学位，留校任研究员。1946年起在美国康奈尔大学任副教授、教授。朝鲜战争结束后，美国取消了禁止中国学者出境的禁令，郭永怀夫妇就整天盘算着早日回国。人们不理解他放弃康奈尔大学教授的高薪职位，而回到贫穷的家园。郭永怀却说："家穷国贫，只能说明当儿子的无能。"他满怀强国之志，1956年9月返回祖国。回国后他就投身于刚组建的中国科学院力学研究所科技领导工作，任常务副所长。

1958年中国科技大学成立，郭永怀任化学物理系系主任。1958年调到二机部，任第九研究所副所长、第九研究院副院长等职。郭永怀在研制第一颗原子弹中，主管力学部分，并负责武器化的设计指导。1965年以后，郭永怀参与氢弹研制，同时又参加了人造卫星设计。郭永怀还负责指导反潜核武器的水中爆炸力学和水洞力学等研究工作。此外，对潜—地导弹、地对空导弹、氢氧火箭发动机和反导弹系统研究试验，也作出了重要贡献。

爆轰试验是突破原子弹技术的关键技术之一，郭永怀经常在试验现场作指导。1965 年 9 月，郭永怀受命参与“东方红”卫星本体及返回卫星回地研究的组织领导工作。从原子弹到氢弹装置，再到核航弹、导弹核武器的理论和实践中，郭永怀呕心沥血，都做出了巨大的贡献。1985 年获国家科技进步奖特等奖。1999 年，郭永怀被授予“两弹一星功勋奖章”。

1968 年 12 月 5 日，郭永怀从青海试验基地赴北京汇报，因飞机失事不幸遇难，时年 59 岁。当人们从机身残骸中找到郭永怀时，发现他的遗体同警卫员紧紧抱在一起。当烧焦的两具遗体被吃力地分开时，人们吃惊地发现掉出一个装着绝密文件的公文包来，竟完好无损。这表明在生命将尽的最后时刻，郭永怀考虑的是保护对国家有重要价值的文件资料。

郭永怀不仅是著名空气动力学家，而且是一代应用数学大师，是我国近代力学事业开拓者之一，他把工程科学与数学紧密结合起来。郭永怀不仅是世界级科学家，而且有着超人的奉献精神。他生活俭朴，一支钢笔从中学一直用到了飞机失事以身殉职。郭永怀的爱国主义精神、科学求实的态度和无私奉献的高尚品德，永远值得人们敬仰和学习。

程开甲
1918—
江苏吴江人
物理学家
中国科学院院士

程开甲于1918年8月3日生于江苏吴江县。1937年毕业于嘉兴秀州中学。1941年浙江大学物理系毕业，1946年赴英国爱丁堡大学留学。1948年获博士学位，任英国皇家化学工业研究所研究员。1950年回国，历任浙江大学、南京大学副教授、教授，九院副院长、国防科工委核试验基地研究所副所长、所长，基地副司令员、科技委常委、顾问，中国人民解放军总装备部科技委顾问等职。1980年当选为中国科学院学部委员。

程开甲于1960年奉命调任参加原子弹研制工作。他是我国核武器试验事业的开创者和组织者之一。他不仅在组织和指挥方面发挥了重要作用，而且参与了许多关键技术研究，如核试验总体设计、解决炸药引爆中压力聚焦问题，计算高压状态方程，核武器条件下的电磁波传播与分布。他对爆炸封闭安全技术、安全防护、电磁波和冲击波、抗干扰技术等关键问题的解决，作出了重大贡献。他还开创了抗辐射加固新技术。1980年当选为中国科学院学部委员。

程开甲在技术上领导创建核武器试验研究所。从1963—1983年，他一直生活在罗布泊核试验基地，带出了一支高水平科技队伍。他成功地设计和主持了包括首次原子弹、氢弹、导弹核武器、平硐、竖井和增强原子弹在内的几十次核试验。他创立了我国自己的系统核爆炸及其效应理论。程开甲是我国指挥核试验次数最多的科学家，人们称他为“核司令”。

程开甲是理论物理学家，著有《固体物理学》《超导物理》《TFD模型和余氏理论对材料设计的应用》等教材和专著。他先后获国家科技进步奖特等奖1项，一等奖 2 项，二等奖、三等奖各 2 项，国家发明奖二等、四等奖各 1 项，国家科学大会奖 1 项，国防科技进步奖多项。1999 年被授予"两弹一星功勋奖章"。2013 年荣获国家最高科学技术奖。

程开甲在中学时读了伽利略、牛顿、爱因斯坦、居里夫人、詹天佑等名人的传记。这些科学家追求真理、热爱科学、热爱祖国的精神深深打动了他，他以他们为榜样，奋发读书、刻苦钻研、勤于动脑、善于思考，学习成绩始终名列前茅。到了古稀之年，他依然孜孜不倦于科技创新，为国家富强作贡献。

彭桓武
1915—2007
湖北麻城人
物理学家
中国科学院院士

彭桓武于1915年10月出生于湖北省麻城。父亲早年留学日本，并加入了同盟会。父亲期望儿子将来肩负科学救国的重任。1931年，16岁的彭桓武考入清华大学，1935年清华大学物理系毕业，毕业后进入清华大学研究生院深造。日军侵华后，彭桓武来到云南昆明，受聘于云南大学执教。

1938年彭桓武赴英国爱丁堡大学留学，从事固体物理、量子场论等理论研究，1940年获博士学位。1941年进入爱尔兰都柏林高等研究院，师从著名物理学家诺贝尔奖获得者薛定锷教授，开始了量子力学研究。1945年又获得爱丁堡大学科学博士学位。

1945年彭桓武与N·玻恩共同获得英国爱丁堡皇家学会的麦克杜加耳—布列兹班奖。1947年，任都柏林高等研究院教授。彭桓武是第一个在英国取得物理学教授职称的中国人，1948年被选为爱尔兰皇家科学院院士。彭桓武在固体物理、介子物理和量子场理论方面都取得了出色成就。

彭桓武在国外10年，时刻不忘多灾多难的祖国，决心要用自己的科学知识报效祖国。彭桓武于1947年从英国回国，1949年北平解放后，回到母校清华大学任物理教授。后来调任中国科学院近代物理研究所任研究员、副所长，二机部第九研究所副所长、第九研究院副院长等职。1972年调任中国科学院高能物理研究所副所长。1978年任理论物理研究所所长。

彭桓武在我国“两弹”开发研制中领导并参加了原子弹、氢弹的原理突破和战略核武器的理论研究、设计工作。在中子物理、辐射流体力学、凝聚态物理、爆轰物理等多种学科领域，取得了对实践有重要指导意义的一系列理论成果，并为中国核事业培养了一批优秀人才。

彭桓武 1982 年获国家自然科学奖一等奖。1985 年获两项国家科学技术进步奖特等奖。1999 年彭桓武被授予“两弹一星功勋奖章”。

修　订　后　记

《走近核科学技术》2005 年 1 月出版发行，这是核科学技术领域一本原创性科普读物，图文并茂，受到广大读者的青睐，十年内已进行了多次重印。

《走近核科学技术》的出版发行，获得领导和读者的热情支持，荣获第一届中国科普作家协会评选出来的优秀奖。这是由全国 26 个省、市自治区 128 家出版社推荐的 308 本科普图书中评选出的 18 个优秀奖之一，2010 年 12 月 29 日在中国科学会堂颁了奖。这本书的获奖表明，我国党和政府的宣传教育重视核科学技术，广大读者热爱核科学技术。

核科学技术是关系国家和民族利益的战略高新技术，在科学技术发展迅猛，国际风云变幻无常的形势下，给核科学技术发展带来了新机遇。在庆贺中国核工业建立 60 周年和欢庆我国第一颗原子弹成功爆炸 50 周年之际，修订再版《走近核科学技术》，让读者看到核科学技术绚丽多彩的今天和展示核科学技术更光辉灿烂的明天。

本书的修订推陈出新，增补为主，增加了核科学技术的新发展和新亮点，并发扬图文并茂的特色，更换或增添了不少图片，重要修订处如下：

第一篇中，介绍了日本福岛核电事故，阐述切尔诺贝利核事故和日本福岛核事故都不是原子弹爆炸；阐述了核电可减少 PM2.5 超标的雾霾天气；后来居上中国核电的发展；内陆电站发展有很大空间；介绍了第三代和第四代核电站；回答了核燃料能用多久，除铀之外有比铀储量更多的钍，还可从海水中提铀；说明快堆的发展会快起来，国际上核聚变实验堆正在建设中，等等。

第二篇中，介绍了“脏弹”是恐怖集团或恐怖分子制造的放射性扩散装置；讲述了核爆炸也可以和平利用；阐述了在实验室里进行核试验，保证核武器的可靠性、有效性和精确打击性；增述了我国对待核武器的态度和任务，为维护国家独立主权和领土完整发展核武器，我们赞成彻底裁军和全面禁止核试验。

第三篇中，增加了我国航天飞行成就、“嫦娥三号”月面着陆；放射性同位素电源和空间核反应堆电源的介绍;阐述了太空核动力系统确保安全的规定。

第四和第五篇中，增加了加速器、辐照装置和放射性同位素的新发展。

第六篇中，增加了对铀资源、铀采冶的介绍，阐述了乏燃料和后处理等重要概念。

第七篇原来含“废物能够安全处置”与“核辐射可以有效保护”两部分，现分为第七和第八两篇。

第七篇中，增加了介绍低、中放废物的因地制宜各种处置方式，讲述了各类废物均可安全处置。

第八篇中，增加了核安全文化的介绍。

此外，三个附录也作了一些补充和修改。封面进行了更新。

本书的修订再版，中国核学会秘书处高度重视，中国原子能出版社给予了大力支持，中国核学会理事长李冠兴院士为修订版写了序言;张伟星、汪兆富、马栩泉、朱向军等先生仔细阅读了修订版（第二版）初稿，提出了宝贵意见；还有，陈晓鹏先生提供精美图片，编辑部付真、赵杰等同志的出色工作，在此一并致以衷心的感谢。

罗上庚

2014 年 12 月 1 日